别怕输不起，一切来得及

晚 空◎著

北京工艺美术出版社

图书在版编目（CIP）数据

别怕输不起，一切来得及/晚空著. — 北京：北京工艺美术出版社，2017.8

（励志·坊）

ISBN 978-7-5140-1200-2

Ⅰ.①别… Ⅱ.①晚… Ⅲ.①成功心理－通俗读物 Ⅳ.①B848.4-49

中国版本图书馆CIP数据核字（2017）第030000号

出 版 人：陈高潮
责任编辑：田　黎
封面设计：天下装帧设计
责任印制：宋朝晖

别怕输不起，一切来得及

晚　空　著

出　版	北京工艺美术出版社
发　行	北京美联京工图书有限公司
地　址	北京市朝阳区化工路甲18号 中国北京出版创意产业基地先导区
邮　编	100124
电　话	（010）84255105（总编室） （010）64283630（编辑室） （010）64280045（发　行）
传　真	（010）64280045/84255105
网　址	www.gmcbs.cn
经　销	全国新华书店
印　刷	三河市天润建兴印务有限公司
开　本	710毫米×1000毫米　1/16
印　张	18
版　次	2017年8月第1版
印　次	2017年8月第1次印刷
印　数	1～6000
书　号	ISBN 978-7-5140-1200-2
定　价	39.80元

CONTENTS

目录

别怕输不起，一切来得及

CONTENTS

你的内心，拥有改变命运的力量

目录

我们都需要时间，成为更好的人

CONTENTS

越努力才能越不害怕可能会输

别怕输不起，一切来得及

人是应该有适当的紧迫感，

对自己狠一点。

我们只管努力，

剩下的交给上帝。

人生已经如此艰难，我们要学会自己取暖

[1]

在七月初，我的朋友依依刚刚分手，某天夜里她突然打电话哭着对我说："我跟你讲，这个世界上再也找不到比我更命苦的人了！"

实际上，我说依依是我的朋友有点牵强，我们对彼此几乎一无所知，我们甚至都没有熟到添加彼此的微信，如果没有什么事情，一般不混在一起，各自有不同的朋友圈和交际圈，我甚至很奇怪，偌大的北京，她怎么会和我认识。

在电话里我笑笑说，会好起来的，分手有什么大不了的。结果她死活不听越发哭得厉害，我一个嘴快甩了狠话过去："你至于吗？不就是分手吗，哭得和死了亲妈一样，你家人知道吗？"然后她愤怒地挂掉了电话。

依依生气了，发短信扬言不要再理我，我说了几句好话她又不计前嫌地继续感叹自己的苦命。

那天夜里我辗转反侧无法入睡，不知怎的，我觉得依依，包括自己，都活得有些悲哀。

[2]

如果用什么形容词来概括依依，思来想去，只能用"普通"二字。普通的

长相，普通的个头，普通的学历，普通的工作，普通的男友。甚至你如果完成听听她的故事，都可以一边吧唧嘴一边说，哎呀知道啦，有什么可说的，好烦。

但是，普通的依依却觉得自己不普通，她有太多的梦想。我们曾经在某次喝醉时，她拉着我的衣服对我说："文宇，我跟你讲哦，我和别人不一样，我可不想一辈子就这么活下去。"

我鼓励她："对，人活着就得不蒸馒头争口气。"她一拍桌子："说得好！我是要出人头地的，我是要赚大钱的，我是要注定给这个世界留下点什么的。"

也喝了二两的我听得血脉贲张："对，你一定可以，我一看你就不是普通人！"

"对！"依依振臂一挥，"我就是女王，依依女王！"

"女王依依万岁！"我跟着瞎起哄。

[3]

后来，依依把这句酒后喊出的口号，写在了自己随身的本子上，成了张口就来的座右铭。我丝毫不担心她会因为这句话患上公主病，实际上，依依一直普通地活着，哪怕是和男友分手，他们的桥段也有点俗。

在之前《还好，姑娘》发布后的几天，依依拉着我看电影《变形金刚4》，结束后我们走在北京夜色的街道上，我没有看清她的表情，但是她对我说："擎天柱好伟大，舍己救人，他是我男神。"

我跟她贫嘴："你的男神不是彭于晏吗？"

她撇撇嘴："那是人，这是机器人，我也有品位的好吗？好歹我也是一个有男朋友的人……"

刚说到这里，依依的表情僵住了，连忙改口："呸，不对，已经前男友了。”我轻轻拉了拉她：“没关系，他不就是找到更好的了嘛，你也可以，更好的还在前面。”

依依瞪我一眼：“你少用那套鸡汤文糊弄我，我已经是弃妇了，不要做自欺欺人的事情。”

我连忙赔笑地说：“好。”

[4]

一段时日后，我看到她的QQ签名，连忙给她打了电话问出了什么事情，她吞吞吐吐，说自己最近生病要休息，匆匆挂了电话。

她在签名里写：如果经历难过的事情多了，也许能在无数次心痛里，找到一点快乐的理由。

依依平日性格有点呆，后知后觉，她也笑说自己的痛感比较慢，被针刺一下要过几秒才能反应过来。我说这也好，遇到难过的事情，或许就不会有那么激烈的反应。

她也有点蠢，经常丢三落四，曾经创下一天先丢钱包，后丢手机，再丢家门钥匙的创举，举目无亲的她给我打电话救急，当她哭丧着脸对我诉苦时，我笑岔了气。

所以，当粗枝大叶的她发了那样感叹的一句话，我知道她最近有些不对劲，但是她不和我说，我也没有问。

她在邮件里写：远近，第一次知道你，我可以这么称呼你吗？我丢掉了工作，可以和你聊聊吗？

[5]

是的，依依不知道我还是个写作的人，当然，她也不知道笔名“这么远那么近”的这个人就是我。

在邮件里，依依仿佛把我当作救命稻草一般，详细叙述了自己和男友的故事，还有她从小到大的经历和工作的不易。她在邮件的开始对我说：“远近，我不知道该相信谁，我生活的这座城市，哪怕身边都是人，我都有点害怕，你说这是不是病？”

依依在一家外贸公司工作，按照她的话说就是打杂，每个月四千块工资，交完房租和预留出生活费，能够自由支配的所剩无几，毕业两年多，偶尔还要父母接济，但她依然坚持在北京这座海市蜃楼里编造自己的梦想，咬紧牙关胆战心惊地生活。

每天很早起床，从上庄的廉租房里坐公交车换地铁，然后到国贸上班，她唯一值得骄傲的，就是可以指着那座高耸入云的建筑，对外地来玩的同学说：“瞧瞧，我就在那儿上班，就最高的那栋楼。”

她在邮件里对我说，不敢生病，不敢买太贵的衣服，不敢花任何计划外的钱，不明白这样的生活有什么意义。现在的她，都不知道当时同学的啧啧声，是在赞美她，还是在嘲笑她。

她的这些经历我从不知晓，只是想起她曾经开玩笑地说：“生活就是大傻子，它怎么就不知道对未来的女王好点啊。”

[6]

七月下旬，依依打电话约我去逛街，在大悦城的咖啡店，我不知道该怎么挑起话题，是该坦白网络上的人就是我，还是继续隐瞒下去，我们俩仿佛都欲言又止，后来依依轻描淡写地说她已经辞职十几天了。

我挑了挑眉毛问她为什么，她说："没办法，一个月那么低的薪水我真的活不下去。"

我正在绞尽脑汁想怎么安慰她，她先自己笑出了声："不过也没关系，我觉得好运就要来了，我开始投简历了，有几家公司对我印象不错呢。"

我也笑了："而且最近'水逆'也结束了，正好趁着天时地利人和，好好重新生活。"

她重重地点点头："对呢，我还要交新的男朋友，还要有新的公司，我也打算换房子，我觉得自己应焕然一新。"

我乐了，女王果然不一样，乐观积极向上的三好青年。她妩媚地瞪了我一眼。

晚上回家，我收到了依依发的豆瓣邮件，她说自己想通了很多，不能放任自己的情绪随波逐流，那样看世界都是悲观的，生活还是自己做主，要做自己真正的主人。我默默看完，心里一阵欣慰，打开文档继续写文章。

写到最后，脑海里突然浮现出了依依的样子，下次见面，我应该好好拥抱她，然后斩钉截铁地对她说："你会得到更好的。"

[7]

那天我刚下班，依依在公司楼下等我，说要请我吃饭。我狐疑地看着她满脸笑意，开玩笑地问：“怎么？遇到好事了？”

吃饭间隙，她说自己刚刚参加完面试，感觉挺好，把薪资提到了八千，老板也赞同。我竖起大拇指。她抬起头淡淡地看了我一眼：“这还要多谢谢你呢。”

我愣了一下，随即低下头。她看我一脸窘迫样，哈哈大笑起来：“怎么？知道自己做错事啦？那还不赶快过来给女王大人我跪下！”

我一听就明白她不是真的在生气，佯装作势就要跪下，她连忙拦住我：“你傻啊，让你跪还真跪，这顿饭你请我，就算你赔罪了。”我连连称是，我又问她是怎么发现的，她依旧白我一眼：“那么明显的百度百科，你当我傻啊。”

酒过三巡她认真地说：“不过真的谢谢你，要不是你一封封邮件不停地开导我，我都不知道自己该怎么办了。”我依然心虚地说：“没事，是我不好，我其实应该早就对你讲，但又怕你碍于面子，知道我们认识，反倒不能开口了。”

依依点点头：“是啊，如果知道了，我可能不会说吧。我就是这样的人，和很多人要好，但不轻易信任谁，宁愿相信陌生人，也不愿从身边人那里得到什么慰藉。”我安慰她：“没事，大家都这样，这就是都市病，没法治。”

依依笑了，她一边给我夹菜一边说：“你写的文章我都看了，我和那些文中的姑娘很相似，但我也真的庆幸，我再也不能抱怨自己命苦，我其实只是个普通人，但我也是幸运的。”

我说：“是的，我们都是幸运的。”

那天分别时，我说我得拥抱她一下，她大笑着说：“不要，听着都肉麻。”但后来却主动张开双臂和我拥抱了一下，我说：“你会得到更好的。”她抿嘴一乐：“你也是。”

[8]

我们曾经都有梦想过的生活，那里有着自己爱的人，有喜欢的工作，有可观的薪水，有山有水，有一切可供幻想的条件，天空明亮的如同自己映照出的笑容，每天过得像是一首欢快的歌。

但我们总会明白，现实不会让你终日做梦，它会用最残酷的手段把你惊醒，人生的进程总是如此，冥冥之中，有人前来，有人离去，结局早已写好，只是你我不知。

放眼这座城市，它用一种看似公平的生存法则，完全束缚住了你我，你可以踌躇满志，你也可以徘徊失落，你可以在任何人事面前表现坚强，你也可以在无人的背后哭红眼睛。生活都知道，它会因为你的选择让你付出代价，但同样，不久之后它也会为你回报利息，让你有所得。

每个人都不同，所以不需要统一的标准和尺度来衡量，只需要时间，时间像是翻涌而来的浪潮，它会洗刷内心，也会让你豁然开朗，它会把所有的过往都变成回忆，与此同时，也会把经历变作你继续前进的盔甲，助你前行。

那天见面的最后，她在地铁口挥手对我说再见，告诉我曾经的邮件里有一段话她格外印象深刻，她抄录在了本子上，就写在女王依依万岁的旁边，时不时拿出来看，觉得生活也有了勇气，我不太记得曾经对她说过什么，她说回家之后给我看。

那天晚上，我盯着曾经写给她的话看了许久，我也明白，与其说我在规劝她，不如说在同时地在劝说自己。

经历过苦难，之后的幸福才会显得如此来之不易，与其抓住曾经念念不忘，不如向往以后更好的生活，与其铭记曾经无数的不甘，不如该放就放继续去远方。

[9]

有时我在想，我们除了为故事中的她们悲伤难过，还能做些什么？

很多事情由自己的内心而定，难过的时候，看什么都会充满着悲痛，快乐的时候，遇到什么都迎刃而解。我们千辛万苦生活在这里，被世界改造同化，我们会不停遇到各种的问题和磨难，但是在此之前，在它们到来之前，请先做普通的、完整的自己。

这个世界上，一定有你不知道的事情，一定有你还不曾经历的生离死别，一定有我们暂时无法体会的大悲大痛，一定有我们还无法抵达的勇敢和坚强。

我们都普通人，我们或许不会遭遇如故事中一般的大悲大痛，普通的我们也终究会偶尔敏感脆弱。可是，鼓起勇气的我们却已明白，前路漫长，一路风雨又何妨。

《平凡之路》中唱出了我最想表达的话：我曾经毁了我的一切，只想永远地离开；我曾经堕入无边黑暗，想挣扎无法自拔；我曾经像你、像他、像那野草野花，绝望着、渴望着、哭着、笑着、平凡着。

人生已经如此艰难，我们要学会自己取暖，我们要把生活过得再好一些，我们要更加珍惜身边的人事。在往事的背后疗伤，在人来人往中坚强。

时间无言，如此这般；明天虽远，已在眼前；风吹的路，依然遥远；我的故事，尚未完结。

加油，姑娘。加油，每一个热爱生活的你我他。

丢什么别丢了 你对人生的那份激情

[1]

周末遇到过去的同事，说起最近武汉的房价。

“你买第一套房的时候，不到八百块钱一个平方吧？翻十倍不止，财商真高。”朋友说。

财商这事儿跟我真没有半毛钱关系，我清晰记得当时买房的情形。

当年我供职的单位是家大企业，虽然取消福利分房，大家还是有福利房可住。每个年轻人结婚的时候，都会有一个自己的窝。但那窝是什么样的呢？20世纪60年代的红砖楼筒子楼，家家户户把煤气炉安在走廊上，卫生间也是公用的。

这样的房子是起步，随着工作年限、级别的上升，住房条件会慢慢改善，最终，住进两居室，三居室。不过熬到那时候的，都是中年人了。

有个同事比我早毕业几年，刚生了孩子，在十几平方米的空间里，挤着他们一家三口，还有来照顾孩子的丈母娘。我去的时候，丈母娘正坐在沙发上准备洗脚，灯光昏暗，我进去一脚踹翻了她的洗脚盆，水洒的满地都是。

那一刻，我心里有个声音喊，这不是我的生活，我不要。

买房的时候，很多人劝我。住上单位的两居室只是时间问题，花这个冤枉钱，多傻啊。

我没有什么道理能说服他们，只有一个信念：绝不能让自己的孩子出生在没有厨房厕所的房子里。

当天看房就下了定金，房子唯一的优点是离单位近。

后来房价上涨，人人都当房奴的时候，每个人都说我聪明，有眼光，我倒觉得，我可能比他们傻一些。

一个理由就可以支撑我做一个重大的选择。而很多人，喜欢左右权衡，喜欢万无一失，考虑再三，还是会放弃。因为世界上哪有什么万无一失，怕失败的人永远得不到成功。

[2]

我还在某著名的杂志社工作过，两年就辞职了。那间杂志社因为待遇好，很多人做十年二十年，尽管每天都在抱怨，还是不愿意走。

导致我辞职的也是一件很小的事。

与老总在北京出差，我陪她去买护肤品，她买了两套，发票开的是她家先生的单位。导购小姐按规矩给了她一些试用装，她却软磨硬泡想多要一些。

“你看，这小姑娘帮我拎东西，总得给人家一套试用装吧。”她指着我说。

那是我一辈子忘不了的尴尬时刻。

导购只好又给了她一些，嘴角带笑，眼睛里却藏不住鄙夷。她伸出手指头，从里面挑出最小的一盒，递给我。我连忙扔回她的手提袋。

那一刻，我就决定，绝不在这样的人手下做事，无论她的业务能力多强，办的杂志多么畅销。

朋友觉得我太冲动了，实在不行可以换个部门啊。

那位老总在这间杂志社做了15年，从接热线电话的编辑做到高管，我相信这样一个人的身上所体现的就是这间公司的气质。

[3]

如今杂志社江河日下，跟我同期入职的同事，夸我当初有远见，如今他们走也不是，留也不是。

其实并不是我预见了杂志社的今天，而是我更尊重自己的内心。我爸经常指责我：“你是公主病，别人都能忍，你就不能忍。”

可是，我凭什么要忍。

虽然我常常不知道自己要什么，但我很知道自己不要什么。我不要委曲求全，整日抱怨，我不要看着自己每天忙忙碌碌、努力上进，却过着不快乐的生活，跟不喜欢的人在一起。

[4]

有些人觉得人生的重大的选择，应该有浩大的理由，我却觉得，越是重大的选择，理由越是简单、直接、粗暴。

要不要过这样的生活，每个人心里原本都有答案，是理性的分析，慢慢磨损了那个正确的答案，使我们变得与大多数人一样。为了生活而忍耐，为了生存而低头，其实你不忍耐也死不了，抬起头也可以活得好。

一个女生，觉得男朋友不适合她，在一起不快乐，本来应该转身就走，她却开始理智分析，一分析问题就来了——单身女生这么多，离开他万一找不到别人怎么办；据说中国90%的婚姻都是凑合的，我与其再找个人凑合，不如跟他凑合……

人脑中有一个区域是专门负责“解释”的，所谓理智的分析，其实就是为自己的软弱找借口。

我一直是个做决定冲动的人。一切让我觉得沮丧、没有尊严、突破底线的事，我都会毫不犹豫地逃离。很多人在这样的时候，会问一个问题：你不想要这种生活，但你想要什么样的生活？

抱歉，我答不出来。

想要什么样的生活，是特别难回答的一个问题。无论你描画出什么样的未来，旁人几个反问就可以轻易灭了你的热情，于是你被扣上幼稚、不成熟、异想天开的帽子。

其实我干吗要知道未来是不是比现在好？如果当下的生活是一种忍耐，我要解决的就是不再忍受，而不是一定要知道明天会更好。

未来更好还是更糟，谁说了都不算，只有去实现才知道。

不要相信现在不开心，忍到最后就会开心。忍到最后只会心死，不再介意什么叫开心，什么叫梦想，什么叫热血。

[5]

有一句西谚是，小的选择靠经验，大的决定靠感觉。

小事尊重自己的理智。买哪件衣服、去哪里吃饭、看什么样的书、研究时装杂志、上大众点评、看豆瓣评分，做足功课就可以最大程度避免选择失误。

大事遵从自己的内心。为不喜欢的事情而含辛茹苦，为不喜欢的人而强颜欢笑。这样的经历，出现在我们18岁以前，是磨炼意志，18岁以后就是苟且偷生。

我们要在生活中尽最大可能保存的不是一张饭票，一段关系，一种稳定，而是自己的热爱、热血、激情与尊严。

我们只管努力，剩下的交给上帝

[1]

收到一读者大人留言，大概意思是他立了个目标：四个月内要说一口流利的英语，成为一位高薪的英语老师，同时，他还要写100篇文章，成为一个作家。

看到“作家”两个字，我吓到了。想了想，敲过去三个字：然后呢？

过了几分钟，那边回复了，只不过画风突变。他说自己很累，每天背单词看美剧练听力，坚持两个月了觉得进步不够大，写出来的文章，自己都看不下去，已经到了特别焦虑的状态。问我该怎么办。

我没告诉他怎么办，只是问了他一个问题：你多大了？

那边秒回：老师，我今年大四，21啦！

[2]

“作家”这事儿我没法做出回应，这个词离我太遥远。

关于当“高薪英语老师”这个问题，我讲三个积累吧，算是对这位读者大人的回应。

第一，英语积累。我毕竟是读了研究生的，这么多年，英语底子不会特别差，重新捡起来并不是一件很难的事儿，而且，我教的是中学生啊，不需要很高的英语水平。

第二，段子积累。我喜欢听段子，老罗语录、袁腾飞讲历史之类的录音一直保存在我的平板里面，自己没事儿的时候也喜欢编段子，学生很愿意听我的课，因为有趣带劲。

第三，阅历积累。虽然我不是什么男神，但是，我年纪大啊，经历的事情多呀，以我接近三十的高龄“压制”那些中学生还是绰绰有余的。

有了这三个积累，我的课自然受欢迎。

［3］

我出生在道士世家，干这行的，不管你再怎么聪明，你在师父手底下最少要学三年，这期间你不仅要学习，要给师傅“拎包”，还要帮师父家里干农活，任劳任怨。

三年以后，如果你确实学得很好了，师父会给你主持仪式，代表你以后可以独立了。

事实上，好多徒弟学了五六年也未必能独立，一是不够聪明，二是不够努力，总之，积累还不够。

［4］

昨天晚上采访著名的多重职业者赵格羽老师，聊天中我提到自己坚持练演讲，现在即兴讲话能力还算可以。赵老师出于好奇（或者说较真），还真给我出了个词，让我发表即兴讲话。

还好我并不是吹牛，便娓娓而谈起来，赵老师表示很满意，问我是怎么做到的。

我跟她说，我练演讲已经一年多时间了，练习次数自己都数不清啦，而且，我之前讲了那么多课，近些年语言表达能力确实得到了很大的提升。

[5]

互联网时代，我们看到太多“一夜成名”的案例，于是，很多人开始着急了，也想逼自己一把，让自己快速成名。

因为写文章的缘故，认识不少特别年轻的优秀写手，文章火爆程度让我汗颜。

你以为TA是天才吗？也许确实有天赋的因素在起作用，但是，这类人往往是从小就对文字很感兴趣，在成年之前的写作训练量就已经非常惊人了，人家醒悟得早，也够坚持。因此，长期积累起来的素质和能力，足以让他们年轻有为。

[6]

在恋爱领域，我们很努力，也越来越着急。有些小伙子追女神，确实是真爱，为别人做牛做马，什么都愿意付出，努力到感动自己。

但是，有些人总是想着一个星期牵手，半个月热吻，一个月发生关系，女神对你感觉还不够的时候你就急着动手动脚，稍微有点头脑的女人，都会怕了你。

还有一种情况，对某人一见钟情以后，快速下手，感情迅速升温，然后闪婚。婚后发现各种不合适，肠子都悔青了。这怪谁啊？怪你自己太着急呗！

人是应该有适当的紧迫感，对自己狠一点。

但我们得认清一个事实：这世上根本就没有什么横空出世的成功。

积累不够，着急也没用。

其实，最好的心态就是，

我们只管努力，剩下的交给上帝。

怕什么来不及，你都还没去开始

[1]

前一段时间，有个1994年生的学妹给我打电话。她说，她很迷茫，很害怕。她说没想到一转身就大三了，很快就要大四了，感觉好像随时要毕业的样子。可是她回头去看过去的三年时光，她都不知道自己究竟干了些什么，读书没有好好读，恋爱也没有正经谈过，社团也只是随便打打酱油。她说感觉自己好失败，好像什么事情都做不好。不知道一个这样的自己，要如何面对明年的毕业？

她还说，但这样一个平庸的自己，身边却不乏厉害的人。她认识大一开始就利用寒暑假的时间四处旅行拍照的学姐，如今已经开始给旅行杂志供稿；她认识大二的时候就交换去美国常春藤名校的学长，现在已经在那边读研继续深造；她还认识大三时就已经有了自己设计工作室的同届的朋友，接了几个不大不小的单子后，工作室目前已经小有名气。可是，反观自己呢？自己好像一无所长，走在人群中随时会被淹没。

她说，明年就要毕业了，可是自己并不知道毕业以后要做什么。现在学的专业，并不是她喜欢的，当年高考以后，就是随便填了个学校填了个专业。不曾想过，那个时候的选择竟然就直接绑定了以后的人生。她好羡慕那些目标很明确的人，要么就是从事本专业的工作，要么就干脆跨行做一点别的，可是她连个确定的答案都没有。她说我该怎么办啊？好像做什么事情都来不及。

她说，好像过了20岁以后，时间一直在快进，有太多的东西想要尝试，有太多的事情想做，有太多的地方想去，可是好像根本来不及啊。她觉得好害怕，她怕自己就这样匆匆过了一生，到最后，却什么梦想都没有实现。

她说，如果时光可以倒流就好了，如果多给自己一点时间，也许情况会比现在好得多。至少她会有更多的时候去思考，去决定，去规划和经历一个更好的人生。

可是，可是你才20岁啊，为什么害怕来不及？究竟是哪里来不及呢？

如果，今天，你只有20岁，都觉得时间对你不公平，有太多的想法和愿望来不及去完成，那么那些30岁、40岁、50岁，甚至是80岁的该怎么想呢？他们该向谁去讨时间，该向谁去要公平？

你知道吗？其实，只要你愿意，一切都来得及。

这个世界，有30岁开始重新学习，参加高考的人，只为了圆自己年少时因故破碎的一个大学梦。这个世界，有40多岁开始健身，连续坚持27年，练就一身健硕肌肉，可以拉起400斤杠铃的人，他叫山姆·布莱恩特，来自美国佐治亚州。这个世界，有80岁开始学画画，98岁成为艺术家的人，他是一位叫HALLASKOSAN的日本老爷爷，原本只是个印刷工人，自20世纪90年代退休后，开始用Windows95软件“画图”作画，刚开始只是兴趣使然，画完后将画作打印出来自我欣赏，慢慢地开始举办个展，甚至开始将作品推出市场出售。

所以，你为什么怕来不及？跟这些人相比，你凭什么怕来不及？

[2]

如果害怕有用的话，要努力干吗呢？

那我每天什么都不用干，只要躺在床上，自我催眠，重复着“我好害怕”“我害怕来不及”的心理状况就好了？

我一害怕，天就不会黑？我一害怕，就不用写毕业论文，不用答辩，不用毕业？我一害怕，就不用烦恼找工作，不用每天上下班挤公交，反正有人养着我？

朋友，你能不能不要这么天真，这么可爱呢？

害怕，是这个世界上最无用的东西之一。

害怕，它只会徒增无谓的烦躁和压力，并不能帮助你解决任何实际的问题。事实上，更多的时候，害怕像是一个任意反弹的弹簧，肆意地搅乱你的生活。你越害怕来不及，就越来不及；你越害怕事情做不好，它就真的做不好，颇有点“墨菲定律”(theMurphy'slaw)的意味。“墨菲定律”是一种心理学效应，由美国人爱德华·墨菲(EdwardA.Murphy)于1949年提出，它告诉我们：会出错的事，总会出错；如果你担心某种情况发生，那么它就更有可能发生。

所以，害怕不仅无益于问题的解决，更有可能使得问题变得更糟糕。既然这样，你确定还要继续害怕下去吗？

[3]

其实，你不是害怕，你只是有点急功近利罢了。

从小，你就听过太多少年成名的故事，古有王勃、苏轼，今有张爱玲、韩寒，更不乏90后CEO马佳佳、余佳文等辈，这些人让你恍惚觉得自己也可以，也应该是“少年成名天下知”这类人之中的一员。

你希望在一个还算年轻的年纪，就能够拥有你想要的一切，拥有足够你挥霍的资本，这资本可以是时间，可以是金钱，也可以是能力或才华。

如果你是大学生，最好是学校里一举一动都备受瞩目的风云人物，或者是学生会和社团里的受器重的骨干，总之，不论学习，还是社会实践，你都如鱼得水，风生水起。

如果你已经离开象牙塔步入社会，那最好是有一帮意气风发与你一起打天下的兄弟，或者一份如日中天的事业，又或者一份轻松好混的工作。换一句话说，是以你的能力可以轻松驾驭的工作，高大上的工作环境，诱人的薪资待遇，同事友好，老板实在，隔壁要是有个帅哥或美女就更好不过了。对了，最好在外有男朋友疼，或女朋友爱，在家有父母宠着，出门有朋友罩着。生活如此，你便再也不必害怕。

可是，你有没有想过，那些你羡慕的人，那些混得风生水起风光无限的人，拥有怎样独特的能力或才华，经历了多少暗黑的时光，付出了多少苦逼的努力，才换来今天这样一个像是开了外挂一样的金灿灿的人生？

当我们连走都没有学会的时候，就妄想着跑得很快是不是很贪心？不是说，你不可以少年立志，而是立志以后，要一点点努力，慢慢地进步，直到你成为你喜欢的样子，成为你想成为的人。

当年，张爱玲一句“出名要趁早”不知道撩拨了多少少男少女蠢蠢欲动的心。太多少年成名，春风得意的桥段在我们的耳边和脑海里萦绕。所以，当我们处在一个20多岁籍籍无名的年纪时，我们困惑，迷茫，焦虑，不安……可是你忘了，路要一步一步走，饭要一口一口吃，连胖子都是一斤一斤长起来的。原谅我并不恰当的比喻，但事实确实如此。

[4]

害怕是因为前方的道路漫长而未知，害怕是因为现在落后于别人很多，害怕是因为怕终究无法成为自己想成为的人。可是没有关系啊，只要你愿意努力，愿意去改变，任何时候都来得及。

我有两个成语特别喜欢，一个是“来日方长”，一个是“厚积薄发”。

“来日方长”讲的是一种态度和信念，是一种出自对于美好未来的强烈笃定，时间一定会让我们成为更好的人，所有的付出都一定会有回报，只要我们愿意努力。那以后的事情，就交给时间，我们要做的就是静静地等待着属于自己的那一阵风。等风来的时候，张开翅膀，奋力翱翔，将曾经的落后于人和落寞失意都一笔勾销。

至于“厚积薄发”强调的是一种做事情的态度，你现在所有的努力和准备，都是一种沉淀，一种铺垫，都是为了将来某个特殊的时间点到来时，你可以爆发出更强大的力量。《精卫填海》《愚公移山》，这些古老的传说里的英雄之所以会成功，靠的都不是力，而是毅力，一股“来日方长”的持之以恒。

你要相信，总有一天，你的努力，会为你证明自己的。所以，不要害怕。我们每个人都一样，每个人都会经历迷茫、困惑、苦逼，但黑暗终将会过去，光明终将会到来。

除非宇宙爆炸，地球毁灭，战争爆发，而你时日无多，否则，一切都还来得及。

不停奔跑，总有一天 你也会慢慢地发光发亮

我和朋友出去赏花，天气晴好，繁花似锦。我忍不住驻足，想要多看几眼这春意盎然的景致。随行的小朵却一直在催我，说不要再继续逗留下去了，赶紧出发去电影院，不然就赶不上之前定好的那场电影。

我看了看手表，还没到十二点，而电影是下午一点半放映，从这到电影院不过半个小时的路程，何必那么赶？小朵没有打算理我，急匆匆就拉着同行的几个好友赶路了，我拗不过他们，也赶忙跟了过去。为了早点赶到电影院，小朵在路上随便买了几个包子给我们，连午饭也没让我们好好吃，就催着我们打的过去。

路上并不算拥挤，半个小时后我们便到达了电影院，我一看手表，才十二点半，还有一个小时的富余时间呢！当时我就和小朵说：“你看，这时间是足够的，你为什么偏偏那么着急？出来玩就是要玩得尽兴，如果急匆匆地走过场，什么风景都观赏不到，连一顿午餐也吃不好。你说我们还能愉快地玩起来吗？”

“可是，我就是怕来不及啊”，小朵说，“你又不是不知道，我这个人本来就比较‘着急’。”

的确，小朵做事总是急匆匆的，什么事都怕赶不上、来不及。约会总是会提前半个小时到，但因为走的时候仓促，经常丢三落四，比如忘记带钥匙，忘记锁门，有时还会忘记带钱包。做什么事都紧紧张张快点做完，哪怕时间充

裕，她也害怕有个万一。结果她常常把事情搞砸，要么是粗心大意，要么就是忽略细节，为此她没少被人批评和埋怨。就连谈个恋爱她也急急忙忙的，觉得自己已经二十几了，再不谈恋爱，说不定以后就成大龄剩女了，小朵于是参加各种相亲。比起生活过得有滋有味的同龄人，她的生活简直就是一团糟。

我有一次问她："你还那么年轻，干吗总是那么着急，先好好地过自己的生活，碰到了合适的对象再谈恋爱不行吗？"

她说："不行啊，我怕到时候就晚了。"

"可是你只会干着急也没用，有些事情是你急也急不来的啊！"

她没理我，依旧在某相亲网站疯狂地浏览各种信息。

说实话，我身边不乏这种干什么都特别着急的人。有个朋友开了个淘宝店，刚开一两天，看见没什么顾客心里就特别着急。我安慰他别着急，生意都是一点一点做起来的，慢慢来，说不定很快就会有顾客了。

他点着头，却还是心急如焚。或许是他不善于经营，又怕赔本，淘宝店没开多久就甩手不做了。而我认识的另一个朋友也是开淘宝店的，一开始也没什么生意，后来因为服务态度好、店里的产品质量高，生意是越做越大，店铺都快冲皇钻了。我向她取经，她回我说："坚持呗。一开始我也挺为没人买我的东西着急的，但是着急有什么用？与其干着急，还不如多想想怎么打广告，怎么吸引顾客呢！"

我表弟今年才十七岁，也是一个火急火燎的小伙子。他一开始梦想当明星，电视上有什么选秀活动，他都积极地去报名。他说，出名要趁早，现在再不出名，等以后可就晚了。

我听过他唱歌，感觉一般，顶多也就KTV"麦霸"的水准。可他却一直坚信自己能够走上前途璀璨的明星之路，一被节目组刷下来就特别难过。

"你还那么年轻，着什么急，未来还远着呢，你现在好好学习不就行了？”我劝他说。

“表哥，你这就不懂了。我现在这个年纪可是最青春的时候，我就不说那些童星了，你该知道TFBOYS吧，他们比我还小，现在不也是大受欢迎的人气明星了吗？我再不急，就晚了。”

后来在家人的强压下，表弟暂时放弃了当明星的念头，但他还是想出名。他跟我说他想红，想当一个被人喜欢和追捧的网红。为此，他注册了一个微博，天天发段子、鸡汤和自拍。一个月过去了，他难过地和我说他的粉丝还是少得可怜，加上同学的关注，粉丝总数还不到一百。

我笑他：“你看我的粉丝也不多，但我有你那么急吗？况且这种事也不是你急就能急得来的啊。”

他反驳我：“我急怎么了？你看看现在这个社会，人家随便写几篇文章，转发点赞分分钟破万。人家随便发几个吐槽视频，粉丝就唰唰往上涨。为什么别人可以，我就不可以？”

我说：“像你这么浮躁，就算真有那么多粉丝，你也留不住。”

或许在这个日渐快速的信息化时代，人们变得越来越忙碌，也变得越来越着急。本来不应该担忧的事，却急得跟什么一样，就算是年轻人，也总怕来不及。别人八岁就开始写作，十七岁就出了书，于是你为自己着急；别人六岁就去演戏，现在已经是娱乐圈里炙手可热的明星，于是你为自己着急；别人写的文章、做的视频发到网上受到追捧，一夜之间就涨了几万个粉丝，于是你也为自己着急。可是着急有用吗？没用。

小时候我常常因为急着吃刚出锅的热菜而被烫了嘴，这时我妈总是教导我说：“孩子，心急吃不了热豆腐啊。”确实，心急吃不了热饭菜，心急也干不好事情。凡事都讲求循序渐进，不是你着急就能把一切做好的。很多时候，就算你再着急也没有用。

要是你真想着做好一件事情，那就褪去浮躁，放下焦虑，克服着急，认真努力地去做事吧。你想成为明星，就好好练习，掌握一技之长，打造自己的特色，挖掘自己的潜质；你想当一名作家，就多看书、勤写文，找到一条适合自己发展的路；你想成为一名网红，就好好经营自己，沉淀下来，或靠颜值或靠内涵征服粉丝。

我知道你一定非常羡慕那些年轻又成功的人，我也很羡慕，但我知道光是羡慕是没用的，光是着急，光是忙碌也是没用的，一切都有其规律。你急不得，也不必急。光是急于求成，却没有才华，那么你的梦想注定会让你失望。

你还那么年轻，千万别着急。坚持自己的梦想，好好努力，不停奔跑，总有一天你也会慢慢地发光发亮。

当你一味沉溺于弱者的姿态，你终会一事无成

苔米小姐刚踏入公司那会儿，同事对她的印象都还不错。

“我刚进这个公司，在座的都是这个公司的前辈。我觉得用一句诗形容自己再合适不过，那就是袁枚的‘苔花如米小，也学牡丹开’，我觉得自己就像小小的苔花，要多向各位前辈学习才是。”那一天，苔米小姐第一次进行了自我介绍，大家对她频频点头，觉得她是一个谦虚的姑娘。

苔米小姐被安排到客服部实习。渐渐地，苔米小姐的经历人尽皆知，倒也不是谁有意打探她的隐私到处嚼舌根，这些故事的传播者不是别人，恰恰是苔米小姐自己。

苔米小姐出生在一个小镇上，她家没有车，因为经济原因也没有上多好的大学。大学谈了一次恋爱，可惜分手。毕业那年本来很有希望考上公务员的，可是后来被一个有后门的家伙给挤出了局。“我就是输在了起跑线上”，是苔米小姐对很多问题的答案总结。

和她一起进公司的还有一位牡丹姑娘。

牡丹姑娘的家境确实比苔米姑娘好太多，从她的穿戴打扮上就能窥见一斑，不过她从来不在公司里说自己的家长里短。在同事关系方面，牡丹姑娘的处事风格和苔米小姐完全两种概念，她不太计较，并且总是乐于分享。

两个月后，公司举行转正评审会，领导让这两个新人分享工作心得。牡丹姑娘落落大方，分享自己过去工作中一些不错的方法，同时也对工作的不足

做了反思。然后同事和领导就她的工作逐一进行点评，牡丹小姐更是觉得这是一次难得的学习机会，对每个同事的发言进行了认真记录，便于自己回去整理总结。

轮到苔米小姐，“哎哟，我真的不行，你们就别为难我了吧。”苔米小姐略带撒娇的口气。

“没什么，别怯场啊，来，大家给点掌声鼓励！”大家鼓起了热烈的掌声，苔米小姐涨红着脸上了台。

“我真的不行，在各位前辈面前，我真的不知道说什么好”，苔米小姐说。

“哎哟，你就说说撒，又不会把你怎么样。”在座的经理开始有些不耐烦了。

苔米小姐便拿出一张便笺纸，像是应付差事一般匆匆念完了事。“没啦？”领导问。“我说了我真的不行。”苔米小姐把纸塞进口袋，回到了座位上。

两位姑娘被请到外面回避，里面的评委同事们顿时炸开了锅。

“这个苔米啊，有一次被客户气哭了，我问她怎么回事，她说客户欺负她，这样的玻璃心在公司里哪能吃得开呢？”销售部A不无担忧地说。

“别提了，我后来找她面谈了好几次，说有不懂的就说，大家都挺乐意帮你的。可她依然没有听进去，都两个月了做事依然没有丝毫长进。”行政部的B说。

“我看这个苔米姑娘啊，问题出在她自己身上。”德高望重的副总C缓缓地说。“她老觉得自己这也不行那也不行，渐渐地竟然成为一种天经地义的推脱借口。有时候你交代她干一件事，她的本能反应就是各种推诿，因为她怕承担责任。有一次客户找到公司来说要投诉，我让她出去解决下，她总是感觉自己很弱小，摇摇头说自己不行。你不行可以学习嘛！谁又不是天生就会的！”

财务部的D大姐也发话了：“前不久公司审计，我需要客服部给我提供一些数据。结果找这个苔米小姐，她就说自己不行，我就给她鼓励，可是她依然摇头，其实这并不是一项多么艰巨的工作。后来我找到了牡丹姑娘，听说我着急要，她二话没说，做完手头工作后，下了班加班加点给我整理数据，到晚上十点整理出来及时发给了我，正好不耽误第二天的审计进度。要我说大家都是成年人，你老觉得自己不行，机会可不会永远等你哦！”

最终评审结果出来了，苔米小姐没有通过考核，牡丹姑娘被留了下来。

苔米小姐得知结果之后，睁着盈盈的大眼睛，幽怨地说：“看来我真的不行。”苔米经过一桩桩一件件的挫折之后，便越发觉得自己真的“不行”，她感觉自己糟透了，好像什么事也做不好。

其实，每个成年人都会明白，谁生下来的第一声啼哭就是一首歌呢？人与人之间确实存在先天的差距，比如家庭、资质、见识，等等。然而等我们长成大人之后，我们需要学着为自己的人生负责了。遇到不顺心的事情，抱怨一下父母、命运确实容易得多，然而这种行为并不能让我们发生任何改变与成长，与其如此，倒不如留点气力鼓足勇气迈出改变自己的第一步。

“苔花如米小，也学牡丹开。”任何时候，即便你是一朵小小的苔花，也不要妄自菲薄，请拼尽全力绽放出属于自己的芬芳，像高贵的牡丹花一样，傲然盛开。

当你一味沉溺于弱者的姿态，你将错过人生精彩斑斓的风景，直到最终郁郁寡欢、一事无成。弱小绝不是懒惰沉沦的借口，而是激励自己日渐强大的理由。

才二十几岁，你着什么急

春节期间朋友聚会，见了一个高中同学，女孩，1991年生的，跟我一样从事互联网，有两年工作经验。她说她现在工作虽然井然有序但收入平平每天都觉得很紧张，她感叹说，好担心自己30岁前没法在上海买房子啊，如果不买房子我就不知道我到时候日子该怎么过了。我愣了下，很诧异地看着她，说："如果不出什么意外的话，你30岁前肯定不可能在上海买得起房子的。"

为什么一个才工作了两年的90后会忽然去考虑这么沉重的话题……我想不通，觉得纯属吃饱了撑的。正巧当晚我又在知乎上看到一个帖子，大意"22岁大学肄业，无背景，无人脉，无专业技能，无行业经验，给自己制定了26岁之前赚取400万元的目标，问有什么看法和建议"，一边呵呵笑一边抱着看众人耍猴的心理翻完了目前已有的159个答案，我忽然陷入了深深的沉思……

时光回到五六年前，刚出校门的我对未来完全没有计划，因为一切对我来说都是未知且新鲜有趣的，当时最大的梦想就是有一份安稳的工作，第一次拿到offer后的喜悦和之后每个月赚到两千块钱都会心满意足地到路边摊喝酒撸串挥霍一空，想着如果能再有一个姑娘陪着我一起到路边摊喝酒撸串挥霍似乎就是全天下最幸福的事情了。

一年以后，工作越来越轻车熟路，反而忽然开始迷茫了起来，看着花花世界一下子不知所措了：跟着客户见识了逼格极高的餐厅和五星的酒店，住够了六环外跟陌生人合租的只有一张床的隔断看见别人家电齐全精装修的两室一厅羡慕的两眼放光，坐在同事的奥迪车里再也不好意思骑自己曾经最爱的死飞上下班，带着姑娘参加同龄人的豪华婚礼，新娘漂亮的拖地婚纱和价格不菲的名贵珠宝，宾朋满座西装革履的社会名流们的嘴里夹着根本听不懂的外文词汇高谈阔论装着各种逼，穿着服装批发市场买的牛仔裤和网上淘的包邮印花短袖的我们俩端着根本品不出味的红酒毫无存在感的在最角落吹着冷风望着高高的华丽屋顶，联想到昨天下午偷偷看到的别人五位数的工资单和他们又刚换的新手机，天花板上的水晶灯亮的像满天繁星，闪的人满眼都是委屈的泪。

当我忽然认识了这个世界之后，我忽然就变得就不认识我的世界了，我想不通为什么人跟人的差距竟然如此之大……我没有心思工作，更没心思生活，每天计算我税前两千块钱的薪水什么时候才能过上那样的生活，算了两天之后，我狠狠地给了自己一耳光想这不废话吗？那根本就不可能，于是我就在网上搜“怎样赚到自己人生的第一个一百万”，并花光每一张破开的一百块去买彩票，然后在开奖后毫无素质的扔到马路上随地吐痰说怎么就不能让老子中个奖发个财……

那种状态持续了很久，而且愈演愈烈，什么事都不能让我高兴，觉得这个世界真的好无趣，似乎别人都过得好快乐、好幸福、好发达、好辉煌、好成功、好有钱，而全宇宙就我自己一个货真价实的屌丝并且永远没有出头之日。一想到这些我就更加的急功近利恨不得希冀祖坟冒青烟让我一夜间飞黄腾达，在一个不顺的点儿上持续发展的后果就直接体现在身体上——嘴唇干裂上火，口腔溃疡甚至便秘。

我记不清那个糟糕的状态究竟持续了多久，三个月？半年？一年还是两年？也不知道我最后是怎么熬过来的，现在想想唯一庆幸的就是我当时没有想不开自杀死掉……真是后怕。

之后我就很少再跟人聊这类的话题，甚至直到现在在饭桌上都很抵触听朋友给我讲别人的励志故事和成功史，在他们的口中，别人的成功都是极其轻易地。经常在聚会上听到某些朋友说你看人陈欧，年纪轻轻的长的又帅，在北京创业干了才几年连税都没有缴够五年就已经公司上市霸道总裁了，你看人雷军，小米2010年创业，四年后就估值450亿美元折2700亿元人民币了。他们让你看看这个，让你看看那个，仿佛别人的成功都是天上掉下来的，一边眼红人家一边抱怨命运的不公感叹为什么好运气就不能降临到自己头上……算了吧笨蛋，你根本就不清楚别人与生俱来有怎样的天赋，更不知道别人抓住和错过了多少机遇，也没有体会过别人吃过多少亏和赔了多少钱、操了多少心和熬了多少夜。有没有人告诉你他曾有过的迷茫和痛苦？羡慕陈欧的知道在聚美之前那家做砸了的游戏广告公司吗？羡慕雷军的为什么不去翻翻他的简历和数数他的年龄想一想自己到那个年纪了还有没有这样的拼劲儿和能否积累到如此的人脉呢？羡慕别人工资高的难道别人从娘胎里生下来的时候就拿着五位数的钱？

跟从前的我一样，很多笨蛋们总喜欢拿自己跟别人做比较，比来比去总会比出一堆不痛快，从来不知足，天天自己给自己找罪受。

千万不要拿你人生和他人做比较，因为你根本不知道人家的人生是怎么一回事，他的成功自有他的道理，那跟你一毛钱关系没有。心灵鸡汤和励志故事拯救不了任何人，因为你只会看到别人的成功，你从来不了解也不会有人告诉你并且你也不关心别人曾有的失败和遭受到的挫折更不可能感同身受他们曾经遭受到的苦难和人生低谷。人们的眼光总是只关注在金字塔顶端的那一小撮人身上，从来没有人看到金字塔下面的那成堆成堆的“炮灰”——虽然这才是绝大多数人的下场。

还有些女孩成天在微博吐槽说自己的男朋友没有别人男朋友大方，送她廉价首饰和山寨手包，不给她零花钱还不给她开支付宝亲密付，又小气又抠门还口口声声说爱她真虚伪，抱怨说为啥自己的男朋友不是王思聪。每次看到这种微博我都觉得很纳闷，如果他不是富二代，一般男孩儿在二十出头的时候哪来的钱，财富的积累一定是需要一个过程。更何况你如果也没钱，那你有什么资格要求和你同龄的他有钱？别说你是女的，土豪再怎么多，肯定也比女的少，霸道总裁和保洁小妹的故事可不是天天有的。

记不清是哪次在《非诚勿扰》上看到孟非（也可能是万峰的某个节目）说的一段话，主持人对台上的女嘉宾说："老的你们不要，年轻的你们又嫌没钱。可是你们指望着一个二十多岁刚毕业的男人能有多少钱呢，他刚毕业月薪就那几千块钱如果他不是富二代的话那么要凭自己的努力有车有房得奋斗多少年呢？"

所以，如果某些女孩你们很看重物质生活（尽管你可能不承认），你觉得现阶段过上丰衣足食名包豪车有零花钱有支付宝亲密付，看上什么他都能够大手一挥买买买，信用卡拿去随便喜刷刷的生活才对得起你作为一个年轻女人短暂又宝贵的青春，而他也不大可能一夜暴富（参见我上面的经历），更没有一个有钱的爹（参见上面霸道总裁和保洁小妹的理论），而他身上的上进心和潜力对你来都说不重要，一万年太久你只想争朝夕，那么劝你别在他身上浪费时间了，耽误彼此没必要，这没啥不好意思的。那个今天被你抛弃的男的在二十年后事业有成之时也有可能找个比他小个一二十岁的漂亮小姑娘，给她丰衣足食名包豪车有零花钱有支付宝亲密付，看上什么买买买，信用卡拿去随便喜刷刷的生活，在这也是比较有可能的。

当然，不可否认的是，这个社会有时候也存在"拼爹"的时候，我有时候也会感叹说自己辛辛苦苦一年干到头手里还不剩什么钱，而我的同事人家有个有钱的爹似乎每天就来公司打打游戏，开车到处转转，年底了依然出国度假逍遥自在……但抱怨归抱怨，一个成年人总不能天天老拿自己的出身当作没出息不争气的借口吧？难不成我们还能去子宫里回炉重造再生一次？

算一算到今天，毕业已经快6年了，经历了第一年的好奇和之后很长时间的羡慕嫉妒恨，现在心态终于慢慢地趋于平和了，终于明白自己在现实面前的力量和痴心妄想一步登天的不切实际了。一夜暴富的故事只存在很少人身上，你可能是那个人，但你还没遇到那个机遇，那么好好锻炼自己积累力量等待那一刻，当然，更大的可能是你根本不是那个幸运儿，可又有啥关系呢，那就好好享受现在生活的每一刻。去跟喜欢的人一起做喜欢的事，去听好听的音乐，看好看的电影，把房子、车子和票子的事儿抛在脑后吧，那些你早晚都会有的，相信我，或早或晚，付出一定是会有回报的，上天不会亏待任何一个努力生活并热爱生活的人。而且钱真的不重要，重要的是自己有一颗平和的心态和健康的身体。

希望这些话能对跟我一样毕业了几年还是一无所有的人有一点帮助（哪怕只是心理上的安慰），如果你还没有毕业，也希望能给你一点启示。更何况以后的事儿，谁知道呢……我只知道你今年过的比去年稍微好一点，今年比去年赚得多了一点，今年比去年认识了更好的人，去了更多的地方，听了更好听的音乐，做了更多更有意义和更有趣的事情，那就行了。少想一些，日子一点一点地慢慢过，一切都会有的，新的一年开始了，努力工作，努力生活，祝你我都能好运。

顶着难度去上，反而会感觉柳暗花明

最近，只要我想偷懒，躺在床上睡懒觉，或者打开游戏的界面，沉溺于游戏无法自拔时，我都会认真的叩问自己，你现在做的事，对你而言是不是很简单？是不是很低级？

因为简单和低级，所以大家都会轻易和乐意的去做。但你想要变得更优秀，至少要比现在更优秀，难道只要动动手指，这样简单而低级的行为，就能完成的吗？

当然不是。那既然享受和安乐无法让你变得更加优秀，为何不做点相对于自己而言，比较难点和高级的事情呢？

有人会不解，什么才算是，对自己有些难度和高级的事情？

很简单。你静下心来的考虑，什么对你来说，是现在还无法企及，是对你而言相对难熬，而不情愿花费时间去做的。

比如，你英语不是很好，但英语四六级证又不得不去争取，那么，努力的花费时间在学习英语上，对你而言就是相对有些难熬的事情；你对自己的身材不满意，那么花费一定的时间和精力去健身减肥，就很高级；你不善于和别人交往，扩大自己的交际圈，走出宅在家里的习惯，对你而言就是一个挑战。诸如此类，等等。

就像有的人想去锻炼自己的社交能力，但却性格腼腆羞涩，上不了公众场合，在人多点的地方说话，心里就会不自然的胆战。你因为性格原因，限制和错失了很多美好的东西，就应该逼着自己多出去走走，和更多的人交往。

尽管这对你而言，有些困难。

而你如果宅在家里，抱着电脑和手机，刷喜欢的泡沫剧或者玩游戏，这个会毫不费力，这个会让你感觉更舒适自在。因为这些都没有技术含量，所以做起轻而易举，你乐此不疲的一遍遍机械重复，最终在原地停留踏步。最后你成为的那个人，还是那个你讨厌的模样。

我身边有一朋友，姑且叫他L先生，身材稍胖，于是下定决心减肥。

晚上大家躲在宿舍玩游戏，刷剧时，他一个人跑去健身房。每次健身完毕后，再跑去操场上跑上两圈。最后回到宿舍的时候，大汗淋漓，衬衣湿透。有人对他表示不屑，晚上待在宿舍多舒服啊，干吗去受那个罪呢？

当然，朋友L也经常向我们诉苦，说健完身后，第二天腿脚酸痛的不行，但抱怨之后，晚上接着跑去健身房。

而朋友最大的一个习惯，就是见到体重器就往上面蹦。瘦了一斤，就高兴得像取得了一项巨大的成就。几个月下来，L果然如愿以偿的瘦了很多，而他向我们炫耀时，脸上洋溢着笑容，感觉无与伦比的快乐和幸福。

我想，之所以会这么快乐，是因为你投入了精力在上面。就像你精心摘培的果树，终于开花结果。过程很少有人在意，只有一个人挥汗如雨的默默守护，最后你等到那花朵开放的那一天，你会和所有的汗水握手言和，你会和所有的委屈相处无事。

因为不管过程有多艰险，已经不重要了，你得到了你想要的结果，一切付出都没白费。

而其实我觉得，我们现在还不够优秀，缺点满身，并不可怕，而是你明知道自己的缺点和不足，不是想办法去解决和克服，而是安于现状，原地踏步更可怕。

你羡慕青春偶像剧里的爱情，并且为其中男女主角的爱情深情掉泪，但那爱情毕竟不属于你的。偶尔消遣后，就应该从中走出来，去更广阔的空间看看。

可以入戏，但也不要忘了回头。

因为如今周围充斥着太多虚拟的东西，例如网络，例如游戏，例如和生活不太相符的泡沫剧。这些和现实存在太大差异，而你终究要活在现实中，而你终究要去和这个社会慢慢磨合。

就像你喜欢沉溺在电视剧中的爱情，但你不去现实中看看，不去勇敢地迈出爱情的第一步，也只能是羡慕别人爱情的份。

当然，对你而言，费尽心思地去追一个喜欢的人，可能遭到拒绝，可能情感失利，它远没有满身轻松地躺在被窝里，拿起手机，上网刷剧来的简单愉快。

但美好的东西，因为珍贵，所以总不是轻易触手可得，需要拼尽全力地去获得。可能过程有点难，可能结果没有你想象中的那般好，但你一定会比原地不前的那个自己，要过的丰富和优秀。

而生活本身，就是一个不断升级打怪的过程，你不打倒他，你可能就会被淘汰，因为现实，就是这么残酷。

而同样，如果你也走上了打怪的道路，但你只想虐下毫无技术含量的小兵，对大Boss望而却步。你见到他就喊，呀！这么厉害，我解决不了，谁爱打谁打去。

于是你转身离开，继续打毫无技术含量的小兵，并且对此乐此不疲。而你身边的人，吃力拼命地克服一道道难关，获得更多的生命值和经验。

等到多年以后，两人彼此见面，你可能心里暗自惊讶，哎哟！他现在这么厉害，而我为什么一无所为！

没有什么不公平，只是相同的时间，你把时间用在了停步不前，别人把时间用在了克服挑战上而已。

去做一件对你而言相对困难的事情，当你克服了困难的时候，你不仅会收获更大的进步和成长，还会感到更加强烈的幸福和满足。

因为你做的这件事情，是比你想象的要高级一些，是你花费了时间和精力用心维持的东西，是让你废寝忘食的东西，所以你最后拿到手的，一定是自己最想要的。

没有人想做个平庸的人，但也没有人心甘情愿的接受折磨和苦痛。但要你在这两者中间选择时，你会怎么办？

我们都会觉得，相比较做个平庸的人，去努力的克服自身的缺点，去努力追求自己喜欢的东西，让自己的人生过得更丰盈，即使深陷困境，即使前途未卜，即使满身伤痕，也要好得多。

我一朋友说："我比较喜欢安稳不变的生活，就像我待在一个地方久了，就不愿轻易去其他的地方。因为一个陌生的环境，所有的一切，都得重新习惯，而且浑身会不自在，这可能是性格使然。

"但我总是逼着自己，有时间就多去外面的世界转转，不要总把自己困在一个深井里，尽管买票去一个陌生的地方，会让我不太好过，但正是走出去，也让我看到了不一样的风景。"

朋友停顿了一会儿，接着说："没有什么，比躺在被窝里，睡懒觉，玩手机舒服得多。而我如果那样做，那我就不会有任何改变，而我的人生，也未免太枯燥无味了。没有人愿意，在年纪轻轻的日子里，就过着七八十岁老太太一样的生活。"

我对她的说辞表示赞同。

转念又想到，有些事情，不是我们非做不可，是你不去做，就可能会陷入更大的困境。而你顶着难度去做，反而会看到柳暗花明。

你为了不掉入狭隘的井底，拼尽全力。沿着井底朝上爬，是为了能看到更加广阔、亮丽的风景，是为了让自己心脏及肌肉，变得更加强。

而这就是，尝试着去做，对自己而言，有些难度和高级事情的意义所在。

只要选择了，就请且过且珍惜

辞职离开北京之前，我在西二旗等车的时候看见一个姑娘上车时被踩了脚，上车后便缩在扶手旁沉默，眼底带着些许委屈，一脸的局促不安，表情举止透露出的忐忑和紧张暴露在拥挤冷漠的人群里。我站在旁边看着姑娘全程沉默，直到她右手握着左臂下车，心中猜想这姑娘定然是初来乍到，没由来的，沉闷的心情突然轻松起来。

在这个最好也最坏的时代，总有些年轻人没有技巧，没有顾虑，没有衡量的，仅执着一梦，凭一腔热血投奔远方。真好！

当下，年轻人到底该留在小城市还是去大城市闯荡的讨论早已经不是新鲜话题，尽管说再多总难免有旧瓶换新装的嫌疑，但我仍然想热一热冷饭，谈谈我为什么支持女孩子去大城市闯一闯。有理有据总是离不了生活里的真人出镜，那么我就讲讲身边的故事。

我的学霸表妹一直看不起小县城家乡，在就读本科的时候她就撂下豪言壮语：毕业后不再回来。开始大家不以为然，觉得你一高考失利的姑娘，在外地看似风光的读书，毕业以后不回家乡进事业编制嫁人还能干吗？表妹本科毕业顺利去了西南政法大学继续深造，研究生毕业前夕又准备大展拳脚考博的时候，大家开始纷纷对她的誓言深以为然，说姑娘有远见。但是，表妹家里就炸膛了，姑父姑妈坚决不同意她继续在学校深造。在他们看来，女孩子读研都已经错过了嫁人的最佳时机，再读博士分明就是奔着“齐天大剩”的道一去不返了。他们苦口婆心，一言堂苦肉计软硬兼施地轮番轰炸，表妹最终没能扛住压力，研究生毕业之后只好乖乖地回家。

本以为工作的事轻而易举，生活偏偏不解风情。毕业第一年，表妹既没有考上公务员也没拿下事业编考试，姑妈临时把她安排在医院做行政人员。然后，表妹除了准备考试的所剩不多的时间全部被相亲占据，约见的对象聚在一起绝对能组成一加强连。工作迟迟没有解决，结婚对象悬而未决，家里的氛围持续低压，姑妈亲自上阵押着表妹去美容院绣眉、埋线又漂唇，最终情定了一位高中老师并迅速将结婚事宜提上日程。男方的家庭很清贫，在婚事被提上日程之后，女方这边又一步步将就，买婚房她们出首付，彩礼不要，嫁妆丰厚，一众人忍不住唏嘘，那么高学历有什么用，年龄大了一样愁嫁！

所幸生活有无限可能，事情一路峰回路转，先是表妹被检察院录取，然后在她准备订婚、全家为选新房操碎心的时候，同批录取的小鲜肉型帅哥向她表白了。于是，一群人又欢天喜地起来，王子和公主举行了完美的婚礼，剧情逆转地让我等一众看客皆傻眼。

你以为王子和公主从此以后幸福生活就是结局吗？

当然，你想得太美。

事实上，这对小夫妻在被催婚后，光荣迈进了被催生的队伍，被勒令不准报名考试，不准复习，不必要有上进心，先一心一意生了娃再论其他。

这个故事听上去毫无亮点对不对？

这个故事似乎跟去不去大城市闯荡没有半毛钱关系，对不对？

对。

这位姑娘，她身上发生的一切好与坏都是自己选择而结的果，跟我们没有任何关系。

可是，故事本身却值得我们好好思考一番。我们读了那么多书，听了那么多道理，为什么还有那么多姑娘走进了将就自己成全别人的怪圈。有多少姑娘心底也曾安放着笔直的誓言，却为了父母殷切期盼因孝而顺的退让，为了得到周围人的一句认可而盲目低头，把自己纯纯欢喜的东西藏进心底装在口袋里，直至岁月将其风化吹散。或许，她们也曾努力过，只是双脚还未跑远，冷眼和嘲笑已经扑面而来，小城盛产好奇和嘲讽，周围的看客有的是闲工夫，姑娘们勇敢的心在这样的强大舆论环境里被一点点蚕食，最终沦陷在疲惫的生活里做着随波逐流的事。

当然，如果你青睐的生活就是学业有成就后回家相夫教子，显然没有看下去的必要，因为我要说的跟你想的事恰恰背道而驰。

回家不久，我跟表妹在亲戚的婚礼上聚在了一起，我们说起她毕业回家的那段时光，她说："那段时间，我的情绪非常糟糕，几次崩溃，失眠是常有的事儿；我一直努力说服自己，决定了就做下去，不能坚持的都是风景。其实心底早就明白自己错了，只是已经硬着头皮走了这么久，只好将错就错下去。若不是承诺父母在前，再给我一次机会，我绝不会回来。"

之后我们探讨了半天，觉得至少以下有三点理由值得女孩子们年轻时候去大城市闯一闯：

第一，人生那么长，不妨活得自我一点。

生活是一场视觉盛宴，任何一套单一的理念都不可能垄断社会，社会是多元价值观并行的，每个人都有不止一个选择。我们没必要把一脚踏进职场另一只脚就迈进婚姻围城当成人生模板，也没必要把活成铿锵玫瑰当成人生的最佳答案。我们可以根据自己的喜好和选择，以自己喜欢的方式生活。小城生活环境安逸，舆论压力巨大，选项单一到必须给周围看客一个交代。大城市不仅职场选择广，就业机会多，生活方式也更具包容性。

第二，练习一个人生活的能力，增长阅历，保持独立。

我不否认在大城市里生活的艰辛，“加班累成狗，下班无好友”，不及在小城市里朝九晚五按部就班。但是，固定模式的生活里没有想象的明天，一成不变的生活不断积累的结果是逐渐让整个人凝固，上进心衰竭。大城市固然忙碌，却没有时间让你空虚寂寞，反而在浮华中学会不轻易辜负那些千载难逢的喜悦。坚守该坚守的，呵护想拥有的，带着也许不能触及的梦想，消磨你的戾气，督促你成长，让你学会独立，保持清醒。就脱单这件事儿而言，或许你还不明白自己喜欢什么，但一定知道自己不喜欢什么。

至于孤独，相信你在任何一个地方，都难免会有孤独感，这样的人生必修课全凭个人修炼的火候，不分时间和地点。

第三，随时转换跑道，生活的每一面都很美。

日本心理学家森田正马说：“每个人心中都藏着一个叛逆的小孩。人生要有哪怕一次，放出自己内心那个叛逆的小孩。这样，到老的时候，我们才不会感叹，这一生，我都在为别人而活着。”身在大城市有着无限任性的可能，你会计专业想转行做写手，你学设计出身想玩音乐，你做主持人腻味了想做心理咨询师……统统没有问题，培训课随时读，志同道合的人随时约。别说在小城市只要有网络一样能学到，但是，很多事实践比理论更重要，你确定你找活人实践这事儿一样容易吗？至多，只能刷刷豆瓣小组看着坐标望而兴叹吧！

当然，地球始终是椭圆的，所以任何一种地图都无法十全十美，换一种投影模式，就会看到不一样的地方。生活亦如此，无论是大城市还是小城市，都有它不完美的地方，只要选择了，就请且过且珍惜！

目标都还没有实现，你还需继续加油努力

要坚持做一件事情，其实是需要意志力——也就是自我控制自己行为的能力。而绝大部分人，包括我在内，天生都是有意志薄弱的时刻，总是能做到自我控制是很难的。

很多大学生来信给我诉说一样的苦恼：就是不管做什么事情都容易半途而废，不能坚持到底。

特别郁闷的是有同学说：我发现自己以前做一件事还能坚持到最后，现在大学了就不能坚持下去，有什么好办法解决吗？

为什么这位大学生觉得自己原来能坚持而现在不能坚持，我想他说的以前应该指高中阶段吧。我给他的答案是想想你原来为什么容易坚持？

我猜测我的回答对他没有帮助，因为很少人能从过去的经历中学到经验。除非他懂得，把看起来非常简单的事情拆解成一件件相互独立细节的小事并加以审慎的思考。下面的文字就谈谈我的分析，我希望除了分析坚持以外，也让你们看到一种思考问题的模式。

[我们没有形成固定的时间节奏感]

在一个有规律的生活环境里，人是容易有相对固定的受控时间去完成自己既定的目标。到了大学阶段，课表不是天天相同，生活也开始多了很多可能

性，这意味着你的生活变得丰富的同时，你获得各种自由的同时你开始失去你过去养成的节奏感。你开始慢慢更容易变成被不同的事情推动去行动的人，而不是坚持在固定的时间干一点什么的人。

这种被碎片化事情推动的现象，不仅仅是在大学，一直到了职场，都会越来越严重。我的第一个建议是：要养成坚持的习惯，你最好要让自己有一些固定的时间去做固定的事情的习惯。

我为什么总是建议大家做一些小事情？比如每天坚持在某个固定的时间写日记，练字，锻炼，一切你喜欢的事情都好，不需要太多的时间，哪怕就15分钟，进行宗教的祷告都好。这些小事情会慢慢形成你新的时间锚点，有了这些时间锚点，你才能在不同的环境里慢慢养成你生活中的新节奏感。有了时间节奏感的人，才能逐渐掌控自己的时间，开始为自己的目标取得进展。

有很多朋友问我每天坚持回答大学生的问题累不累？我的答案是不累。如果没有意外中断的话，我每天大概是晚上10点到12点间才进行回复工作。虽然我要回复很多问题，但是这些问题都是集中快速回复，不需要我随时响应，而且我在固定的时间响应工作，也使我的工作保持在我能承受的节奏内，我的工作压力依然受控。

要是我养成随时看后台信息，随时看消息回应的习惯，这样会让我陷入碎片化响应的模式中，嗯，这不正是很多人刷微博的状态吗？这种模式会让你的兴趣和精力无法有效集中到一个主题上，进而导致你所有的事情都随注意力转移，而不是随意志力坚持。

大家要明白，对自己时间无法掌控的人更容易觉得累，而对自己时间有掌控的人，我们只是更有产出。按你的工作状态和方法做到这些产出是很累，但在我看来，我不过像在玩游戏而已。

[我们没有找到好的志同道合者互相激励]

再观察高中和大学的不同，很大一个原因在于高中的同学往往都是类似的行为模式，而大学里的同学各自兴趣不同，也许你想上自习的时候，你的好基友邀请来一盘“撸啊撸（LOL）”，这个时候你的事情重要还是朋友之间的响应重要?

这是一个很麻烦的问题。你和怎样的人交往越多，你就越可能变成怎样的人。

在高中，因为有各种制度和外力约束，大家都被集体化成一种行为模式，往往能为某个特定的目标长期全力以赴，互相追赶激励，很多人觉得自己在高中的学习生活过得很充实，这和环境是分不开的。

上班以后，我和很多从小玩到大的老乡关系越来越淡，倒是和一些不在一个城市的朋友关系很好。我发现一个特点，我们这些玩得好的人往往是同一个生活节奏的人。

比如我的红颜知己“萧秋水”，我们就成为一种互相激励的关系。我的进步是她努力的理由，她的灵感是我工作的推进，我们彼此成为对方的激励，最好的同伴教育。

[我们没有选择一个更适合目标的环境]

在大学往往缺乏和你有同样目标的同伴，这也导致你很难一个人特立独行下去，毕竟人是群体性动物，很难摆脱从众的自然基因行为模式。

在一些“211”“985”高校，为什么大家大学上自习的氛围依然浓厚?

因为这里最大的行为模式就是考研和出国，或者加入优质精英社团。一旦你进入这样的学校，你很容易被这样的氛围同化，也就变成这样的人。

在高中即便你的同学不求上进，我也不太担心你不会坚持，因为班主任，家长，班委会，学校构成了一张网，为你设计好了每天的行为模式。高中不如看作是一种学习集中营模式更为恰当。

这种模式在短期内能让你在某个点上快速突破，脱颖而出。到了大学，无论是班主任还是辅导员，又或者是班委会和学校，对你的管理是很粗放的，没有人天天监督你上自习，甚至是上课！

在这种环境下很多人才会发现没有外力约束，他很难建立对自己的行为控制能力。

不仅仅是大学，即便是在职场，我也是比较反对在家办公这种模式。真正办过公司的人都知道，让新员工在家办公而不是集中到办公室管理，不但不会产生高的工作效率，往往还可能毁了一个人的职业生涯，因为他会养成很糟糕的工作习惯。

绝大部分人离开环境的约束就很难坚持。想享受自由的生活前提是你自己为自己选择了某种有控制的生活。

这是像我这样经过十几年修炼的人才能勉强做到的。所以大家可以理解为什么考研时那么多人会去报考研班，一是需要“同伴”环境，二是需要上课的环境。没有这个环境，他们很难约束自己的行为。

[我们根本就丢失了自己真正想达到的目标]

还有一位同学留言说：我是一名大一学生，从去年开始到现在我做了很多打算，计划，但是我几乎没怎么实行过。我现在上课没啥兴趣，要不看小说，要不睡觉，要不宁愿发呆，但过后我又特后悔，特纠结，我觉得自己对不起父母，在学校，我过得混沌，看不到啥希望，一味活在自己的幻想世界里，甚至我有不想念书的想法，我很烦，特烦，可是我到底该咋办？我想改变这种现状，但我要怎么做？！

这是一个更大的问题，我们即便能够坚持，但是前提是为自己找到一个坚持的理由，或者叫目标。

高中阶段我们有一个明确的目标，考大学，而且被同伴和环境驱动去努力。到了大学，就业一时半会还远，考研也得三年后，经过十二年艰苦求学的日子，大家难免想放松一下，大学又不缺乏这种放松的环境。但正在这种放松的环境中，我们忘了自己的奋斗目标了。这是第一个问题：没有目标了。

高中有一个现实的目标叫上大学，上好大学。其实大学倒是有一个现实的目标叫就业，就好业。

为了上好大学，高中就发展了一套以拿分为导向的学习计划，虽然这套计划影响人思维的开放性，但还是有利于高中时的学习目标达成。所以高中这套计划大家比较认同，它能帮你达到升学的目标。

但在大学里，课程体系设置往往让你看不到和就业这个目标的关系，它的实用性和社会现实似乎有些脱节，在学习的过程中，你往往看不到自己和就业需求之间的进展，好像感觉到自己一天天在混日子。

如果你没有办法衡量你现在离目标的距离是否更近，你就会慢慢忘记你的目标。甚至慢慢用还在学习这件事情安慰自己在接近目标，其实这是自欺欺人。

如果不自欺欺人，大学生就应该主动在大一了解自己想去的就业单位，了解他们的就业岗位，了解这些岗位对人的素质要求；主动在大一就明确自我成长的目标和实现的手段，并找到恰当的手段衡量自己的进展。

[无法确定自己所作所为是否让自己离目标更近]

有的大学生倒是有这样的想法，但是依然很难坚持。为什么？在高中你遇到任何自己不能突破的困难，都有老师教你答案。但是在大学，一切似乎都没有人给你答案，或者给你太多的答案。到底哪种答案是你真正想要的？这真很难讲。

所以很多同学在走向目标的路上，往往看不清自己坚持的方向是否是对的，因为缺乏独立判断的能力，而总是怀疑自己的选择是否不是最佳的，在这种缩手缩脚的犹豫中，如果没有太多的进展，也就慢慢放弃了坚持。

[我们的性格中太多好逸恶劳的成分]

还有一些同学看到了进展，但是也没有最终坚持下去。这很可能和他的性格有关。心理学家说习惯推迟满足感的人才更容易成功。

推迟满足感这个概念可能有的同学并不清楚，这里我分享一个摘抄来的故事，也许对你有启发：

不久前，一位30岁的财务分析师请求我的帮助，她想纠正在最近几个月里，总是拖延工作的恶习。我们探讨了她对老板的看法，老板对她的态度；她对权威的认识以及她的父母的情况。我们也谈到她对工作与成就的观念；这些观念对其婚姻观、性别观的影响；她同丈夫和同事竞争的愿望，以及竞争带给她的恐惧感。尽管一再努力，但这种常规心理分析和治疗，并未触及问题的症结。终于有一天，我们进入久被忽略的一个领域，才使治疗出现了转机。

“你喜欢吃蛋糕吗？”我问。她回答说：“喜欢。”

“你更喜欢吃蛋糕，”我接着问，“还是蛋糕上涂抹的奶油？”

她兴奋地说：“啊，当然是奶油啦！”

“那么，你通常是怎么吃蛋糕的呢？”我接着又问。我也许是有史以来最愚蠢的心理医生了。

她不假思索地说：“那还用说吗，我通常先吃完奶油，然后才吃蛋糕的。”

就这样，我们从吃蛋糕的习惯开始，重新讨论她对待工作的态度。正如我预料的，在上班第一个钟头，她总是把容易和喜欢做的工作先完成，而在剩下六个钟头里，她就尽量规避棘手的差事。我建议她从现在开始，在上班第一个钟头，要先去解决那些麻烦的差事，在剩下的时间里，其他工作会变得相对轻松。考虑到她学的是财务管理，我就这样解释其中的道理：按一天工作七个钟头计算，一个钟头的痛苦，加上六个钟头的幸福，显然要比一个钟头的幸福，加上六个钟头的痛苦划算。她完全同意这样的计算方法，而且坚决照此执行，不久就彻底克服了拖延工作的坏毛病。

推迟满足感，意味着不贪图暂时的安逸，重新设置人生快乐与痛苦的次序：首先，面对问题并感受痛苦；然后，解决问题并享受更大的快乐，这也许是唯一可行的生活方式。

其实，我们早在小时候（通常从五岁开始），就可以学会自律的原则，避免只图眼前安逸带来的不利。例如在幼儿园里，有的游戏需要孩子们轮流参与，如果一个五岁的男孩多些耐心，暂且让同伴先玩游戏，而自己等到最后，就可以享受到更多的乐趣，他可以在无人催促的情况下，玩到尽兴方休。对于六岁的孩子而言，吃蛋糕时不把奶油一口气吃完，或者先吃蛋糕，后吃奶油，就可以享受到更甜美的滋味。小学的孩子正确对待家庭作业，是实践“推迟满足感”的最佳手段。孩子满12岁时，无须父母催促，首先做完功课，再去看电视。到了十五六岁以后，他们的实践更可以得心应手。到了青春期，他们处理类似问题，应该形成一种习惯或常态。

[我们会因为一点点小成功替代了真正的目标]

在心理学上有一个效应，当人为目标奋斗得到一点点进展的时候，往往会奖赏自己放纵一下下，这样就很容易让自己脱离正确的轨道。所以当你发现自己已经取得了一点点进展的话，一定要提醒自己，要继续加油，因为目标还没有实现呢！

你之所以害怕是因为你的实力还不够

和闺蜜们聚会，说起时间过得飞快。眼看我们就快要三十岁了，姑娘们一片哀号，惧怕这个年龄，惧怕跨过了“二字头”，未知生活带来的改变。

琳达说：“看着大学生脸上满满的胶原蛋白，会觉得自己涂再多的保养品，也敌不过一张青春四溢的脸。”

四克说：“在海外不知不觉三十岁生日就这么到来了，一点防备都没有。在海外工作，生活，漂泊，并不知道什么时候才是个尽头，又要拿什么来迎接‘三字开头’的第一年。”

即使有事业、有家庭、有女儿的人生赢家Aline，也会烦恼要三十岁了，所以未来风会往哪个方向吹，而我们又该朝哪个方向走。

可是，这个年龄让我们如此谈虎色变，如此惶恐焦虑，害怕三十岁的我们，究竟在害怕什么呢?

我曾经以为，姑娘们害怕三十岁，不过就是害怕变老了，不美了。

二十出头的日子，我们清汤挂面，素面朝天，依然在人群中笑颜如花。而现在我们往脸上涂一层又一层的护肤品，煲汤食疗，健身跑步，总之内补外疗，也无法抵抗地心引力，也无法改变熬一个夜，就需要一周的时间来恢复。

我们仔细地画着眼线，我们花了俩小时，极力追求画出一个“裸妆”。如今，我们花大量的时间和金钱，砸一个裸妆。

什么是裸妆？其实，“裸妆”就是画出你二十出头时候清汤挂面，却神采飞扬的样子。三十岁的我们，好像愿意付出一切代价变成二十多岁的样子。

我问过H小姐："所以，我们只是害怕变老，害怕不美吗？"

H小姐说："当然不是，我们还害怕孤身一人。"

前些天在北京，遇见了在圣保罗时一起玩耍的某民族品牌财务总监。他回国了，婉拒了一家国内的巨头公司的offer，跳槽去了一家创业公司。

我问原因，他说："另一家巨头公司location不定，可能一年半载过后，还是要外派。"

"快三十岁了，漂泊了这么多年，如今不再想要那种强烈的漂泊感，不想要一直这么赚钱赚钱，除了工作，还是工作，没有生活。

"快三十岁了，不再想要这么孤身一人。"

所以他宁可拒了一份高薪酬，以及职业上升的空间，客观上来看都特别满意的offer，还是选择和女朋友在一个城市。

聊着当年一起在圣保罗玩耍的小伙伴，彼时，我们都单身，现如今，一起玩耍另两个总监，也都结了婚，生了娃。彼此的生活都发生着巨大的改变，我们才发现，那些放荡不羁的日子不是永远。

二十多岁的时候总是很热闹，身边一起玩耍，一起浪，一起放荡不羁爱自由的人很多。我们迎着朝阳，和着吉他，歌唱我们的理想和远方。

就像，年轻的时候我们总是在说，生活在别处。

后来，我们站在三十岁的或前或后，会发现，当初二十多岁我们放荡不羁、爱自由，而如今都是"老婆、孩子、热炕头"。

突然有一天，当你发现身边不再热热闹闹了，那些当初一起半夜被追尾，还一起去警察局的小伙伴们都纷纷结婚生子的时候，那种害怕三十岁孤身一人的感觉尤其强烈。

我认识很多这样的男生、女生，他们都在年轻的时候生活在别处，二十几岁过着比普通同龄人精彩的生活，但是他们都没有依依不舍那样的浮华和多彩，纷纷在三十岁的或前或后，选择结束漂泊的生活，不再想要孤身一人。

一个在斯坦福读了文科硕士，匆匆回国的姑娘说，那些足够精彩的生活敌不过，那种快要三十岁自己依然孤身一人的落寞感。

所以，我们害怕三十岁，因为我们害怕三十岁孤身一人。

但是，那些结了婚的男生女生呢？就幸免于这样的年龄恐慌吗？

当然不是。

某一天，Lilia问我："回国怎么样，感觉好不好？"

我说："不好。"

"谁都有资格说卸任了不好，但是你没资格。"她说，"回国的这一年多，你出了书，嫁了人，公众号有越来越多的粉丝关注，有这么多人喜欢你，就是一年而已，你还想要怎么好？"

我一时语塞，不知道如何回答。

我想，我之所以觉得不好，是因为我离自己想成为的自己，还有差距。

我也突然发现其实我们很多人说，害怕三十岁，其实是害怕到了三十岁，自己依然没有什么本事，依然一事无成，依然没有成为自己想成为的那种人。

所以我们恐惧那一天的到来，因为三十岁像一个成人礼一样，提醒着我们长大，也像一面镜子一样，站在那个节点上，过去的一切得失一目了然，你过去种下的果子如何，慢慢都将会有收成。

我们有时不敢站在镜子面前，看卸了妆的自己，眼袋和皱纹都一清二楚，也不敢站在三十岁这面大镜子面前，看看自己这么多年的得失收成，看看自己距离自己想要成为的那种人，还有多远的距离。

我们害怕站在"三十岁的镜子"前，因为这个时刻冷漠，客观，冷静，抽离，你是什么样的人，镜子里就是什么样，我们每天自拍都可以美图，但是这一天，我们必须诚实面对自己。

嘿，三十岁。

我们站在这个节点的或前或后。有人害怕变老，有人害怕不美，有人害怕三十岁孤身一人，有人害怕三十岁一事无成。

终究都是因为，到这个节点，生命将不再用某一个角度，某一个片段来衡量。

年轻时候，我们只要美就会很快乐，但现在我们需要有颜，有钱，有人爱。

在这个节点上，我们的喜怒哀乐将不再仅仅由事业，或者爱情，或者旅行来决定，我们需要的更多了，生命也将用更多的维度来衡量我们的成就和得失。

我们需要在事业，家庭，自我价值，个人实现，社会认可之间找一个平衡点，我们才会快乐，我们热爱生活本身，我们才会不惧怕年龄。否则，我们将永远像一个救火队长，狼狈地解决一个又一个新冒出来的问题。

二十多岁，我们求学，我们旅行，我们变美，我们在一个又一个单独的领域学着各种本事，我们努力，我们囤积实力，是因为到了三十岁的那一天，生活里的“大怪兽”袭来，我们需要这些本事一齐发射，才能打败那些不安和焦虑，才能拥有更加从容，淡定，更加美丽精彩的生活。

不信，你想想身边三十多岁过得光鲜亮丽的姑娘们是不是都是这样，具备了一切单独的实力和平衡的本领，然后她们喝一口咖啡，抬起头，从容优雅地对你说：

“我觉得三十多岁比二十多岁更美好了。

别辜负了你最初的梦想

前几天，我想申请实习，列了几家有意向的公司发给初中同桌，让他帮我参考参考，顺便问了问他的近况。

这位初中同桌，和我很聊得来，中学时我俩常常在老师眼皮子底下压低声音聊天，我点歌他唱歌。

他成绩不算好，大学只念了一所三本院校，和我学一个专业。他跟我说，他学历一般，得多做几份实习，弥补文凭硬伤。于是，他高三暑假就在西餐厅打工，大一在腾讯实习，大二在Uber实习。前几日我让他帮我参考一下几家公司时，他告诉我，他已经自己运营了工作室。

我这才意识到，自己跟他的差距越拉越大。

前年我们夏天里一起学素描，两人在小小的画室里聊天，都信誓旦旦说喜欢自己的专业，想做出一番成绩来。一转眼，他已经开工作室了，我却连一份实习都还没攒到。在他面前，我都不好意思提那个和他一样的理想了……

我开始反思，差距是怎么拉开的？

他上下班时在地铁里赶作业，我却在宿舍里吃着零食追剧；

他熬着夜一边自学软件一边剪片子，我却以不会用软件为由，拈轻怕重，把剪片子的活交给会软件的同学；

他从来没有寒暑假，甚至专门北漂租床位只为实习，我却在漫长假期里，任自己躺在家里的床上，无所事事。

我们怀着同样的理想，付出的努力却相差太多了。以至于一眨眼，我竟然对他望而生畏——开工作室，是我打算工作五年后再考虑的事啊。

这种距离感，让我想起了我的高中闺蜜M。

我们曾经在一起说过好多好多话。

我们曾躺在草地上望着天空中漂浮的云，遐想未来；我们曾在黑暗的空旷操场，大声喊出我们梦想中的学府；我们曾在冬日的雪地上，一笔一画写下各自的梦想……

可是现在，我有点不知道该怎么跟她聊天了。

她高考失利，去了一所不算好的大学，遇上了一些差劲的室友。她变得总爱计较鸡毛蒜皮的小事。每次和她聊天时，她都一直在列举她室友的罪状：几毛钱都不肯借啊，吃瓜子直接把壳吐在地上啊，说一些很讨人厌的话却还当自己很率真啊，云云。

虽然她的遭遇令我心疼，但如今这个充满戾气和哀怨的她，让我感到陌生——她已经不再是当年那副因为梦想而发光的模样了。

我们越来越少有共鸣，她变得安于现状，应付于疲惫生活，忘却了英雄梦想。她现在的愿望是，毕业后早早嫁个有钱人，从此可以免于打拼。我不知道她的身边是怎样一些人，生生磨灭了她当初的理想和锐气。

为了鼓励她，我也曾把我初中同桌的故事分享讲给她。可她悲观依旧，志气低沉，总觉得现在的不如意，已经注定了她惨淡的未来，也不愿再费力挣扎。

我们曾经说好，不忘初心，将来要彼此骄傲，她却淡忘了。

她淡忘的何止是当初的承诺，更是当初的自己啊。

才过了几年，距离感就那么强烈，我难以想象，十年后，彼此会是什么模样。

父母辈也没少为同学聚会的事情产生过感慨，不是眼红同学比自己更有钱更有势，而是为自己唏嘘。回首起往事，最让人害怕的，不是陷入与往昔同伴的比较，而是与当年满腔热忱的自己狭路相逢——因为懒惰或是消极，我们辜负了当年的信誓旦旦。

小时候纠结着是上清华还是北大，长大了才发现自己想太多——这明明是很多人的真实经历，为什么大家只把它当笑话看呢？嘲笑当年的自己，就能显出如今的自己有多高明吗？

长长一日，短短一生。有的人被懒惰缠身，一点一点交出了理想和热忱；而另一些人，却从未忘却当年的意气与热情。

前段时间，一位年逾古稀的导演，邀请我们去观摩他当年大学同学的班展。

这位导演学美术出身，今年是他毕业的第五十个年头，老同学们为了纪念当年情谊，共同办了这一场班展。

为了这一场规模算不上大的展出，画廊设在台南的老同学，自付运费和保险，将最为满意的巨幅作品运到台北来；卧病多年的女同学，带病赶工，一针一线完成绣画创作；毕业后五十年都没有再作画的老导演，为班展重拾起画笔；还有一些老同学，已经往生了，可他们的家人特地将他们生前的作品送来参展。

这场画展，让我震撼。它展的是满堂的佳作，是深厚的情谊，更是老辈们交给过往五十年的答卷。

他们中，有人成了知名画家，佳作无数；有人成了资深教师，桃李天下；有人虽然搁置了画笔，但在更感兴趣的领域耕耘了五十年……如今共聚一堂，回首大半生，他们无憾，亦无愧。

那位导演重拾画笔，画的是施海旁大小不一的石头。他别具巧思，赋予了那些黑色顽石以缤纷的色彩，命名为《弥坚》。

老而弥坚。

导演还说，这次作画让他找到了明年退休后的方向：他要继续画他的画。

跟我们讲这些时，导演时不时开怀大笑，像金庸小说里的老顽童。

他总让我想到一句话：年岁有加，并非衰老；理想丢弃，方堕暮年。

多希望十年后、五十年后，我也能和他一样，还可以和当年的同学谈笑风生，而非暗自悔恨；还敢于提起当年的梦想，而非徒留嗟叹。

那时候，我要对曾经的自己说一声：嘿，我没忘记你，也没辜负你。

成功很简单，就是不断地向前走

[1]

一次看到一个网络作家写她的写作经历：

初中毕业就到南方打工，在餐厅当服务员，一段时间后觉得打工没有前途，就开始写作。没有顾客的时候，在面前放一本菜单，假装是在研究菜单，然后赶紧偷偷写一段。

她没有电脑，下班要去网吧写，那种小黑网吧，嘈杂，环境恶劣。没有几个钱，每次去都要算算能写多长时间，要写多快，没有时间一字一句地想，写完了就要马上下，不然就得超支。

渐渐地，她的文字开始在期刊上发表，也有了稿费。她买了电脑，租了房子，辞了工作，专门写作，一写就是一整天，饿了就吃一点方便面。

一年后，开始写小说。

接着小说出版，一本两本，再到十本，十几本。

她的小说还被拍成影视剧。

有一天，她看着书架上的十几本书，上面署着自己的名字，一时间觉得有些恍惚，回首走过的路，她只不过是一个很普通的初中毕业的打工妹，之前她的写作从来没有人认同，没有亲人朋友相信她能靠写作为生。

她怎么就能走到现在，在三四年前她想都不敢想。

[2]

一直喜欢一位名师。

她教语文，喜欢创新。走上赛教的讲台，参加本地大大小小的教学比赛，最后到全国大赛，年纪轻轻就脱颖而出。

她在带班的过程中也是不断探索，成了有名的班主任。

她坚持写作，很多文章入选人大复印资料。

她在博客上写，有一天，她翻出一柜子的获奖证书，想想自己今天取得的各种成绩，觉得很不真实，她怀疑自己到底有没有人家认为的那么大的本事，觉得很心虚。

是的，她只有专科文凭，她是从川渝大山里走出来的一名乡村女教师，她从偏远乡村走到了县城，从县城走到了大都市重庆，从重庆走到了北京人大附中，又刚刚到了清华附中。而有那么多的人在一个地方一待就是一辈子。

[3]

看周国平的《幸福的哲学》，他说："一个学哲学的人，能够拥有相当广的读者群，20年前的书今天还能每年几万几万地印，我真的没有想到，我这个人是比较自卑的，我年轻的时候设想我的人生蓝图，绝对没有将来成为一个著名作家这样的目标，绝对没有，想都没有想过，做梦也没有梦到过。所以我现在得到的所谓的成功，这种外在的成功，完全是出乎我的意料的，绝对不是我原来追求的目标。"

许多成功都是没有想到的。

许多事在成功之前看起来都是那么不可能，许多梦在实现之前，看起来都是那样遥遥无期，希望渺茫。

可是，正是那些看起来不可能实现的梦，才更可贵。

我们是一步步变好的，我们的梦是一步步实现的，路再长终有走到的时候，走不走上一条路，关键是看你甘愿平庸还是拒绝平庸。

俞敏洪说：“成功很简单，就是不断地向前走。”

努力面前，成功从不是一种高攀

有位朋友，业余喜欢写写文字，断断续续在报刊上发表了一些。用她自己的话说，是十八线小写手，大名就像阳光下的冰淇淋，转瞬就没影儿。

可就是这位十八线小写手，听说某位名作家到了她所在的城市，立即邀朋唤友要去跟名作家见面。朋友们皆是大吃一惊，天啊，人家多出名啊，只能在报刊电视上见的人物，会理咱这种小人物吗？要去你去，反正我不去高攀。

没人愿意一起去，她就一个人去了。

朋友们对她高攀名人这件事儿，挺不屑的，顺带着有些幸灾乐祸，呵呵，你就热脸贴人家冷屁股吧，看你到时有多难堪！

结果，出乎所有人意料，她不但见到了那位名作家，他们还一起喝了下午茶，名作家不但埋了单，还送给她一本签名书，顺带解答了她很多写作方面的疑惑。这次高攀之行，可谓收获满满。

尝到甜头后，她就经常干这些高攀的事儿。听说哪个作家来搞签售，她一定请假去捧个场，到哪个城市出差，也一定去拜访当地的名作家。虽然也遭遇过难堪，也被拒绝过，但几年下来，她还是比一般人见识了更多的名人。

见那么多名人有什么用呢？除了炫耀，她当然收获了很多。比如在这些人身上学到了很多优秀的品质，学到了很多写作的技巧，开阔了视野，整个人的眼界和格局发生了改变。

现在，她的文章越写越多，也越写越好，不但在报刊上发表得越来越多，也得到了一些出书的机会，从十八线一跃到了八线。虽然离名家还很远，但她相信，只要自己多从名家身上汲取营养，早晚有一天，自己也会成为名家。

有位亲戚，高中毕业后南下打工，在酒店里刷盘子，每个月工资不到两千，这钱即使拿到老家，也依然低得可怜。

某一天，亲戚忽然说要买车，把周围人吓了一跳，大家都不明白，一个刷盘子的，买辆车是用来看的吗？于是，大家善心爆发，纷纷劝阻。年轻人，别太爱慕虚荣了，别以为满大街跑的都是车，你就可以买车，你买不起，也养不起的。

但亲戚就是不听劝，车全款是买不起，但可以分期付款啊，很快他就拿了驾照，开上车喜滋滋上路了。当然，做这一切的代价是，他不但花光了所有的积蓄，还借了父母亲戚不少钱。

对于他这种不理智的“烧钱派”，大家除了摇头，就是叹息。看着吧，早晚有一天他得卖掉车，老老实实刷盘子。

让人没想到的是，亲戚买了车，就不再刷盘子了，天天开着车到处晃悠。本来一个刷盘子的穷小子，非得学富二代游手好闲，真恨不得一巴掌把他扇醒。

晃悠了一段时间，亲戚找到了一份销售的工作，这时候，他的车就发挥了作用，省去了等车转车的时间，他随时都能见客户，而且因为开着车，给客户一种他是金牌销售员的感觉，生意总是很容易谈成。

虽然刚开始工资不够油钱，但很快，他就在公司站住了脚跟，成了真正的金牌销售员。现在，他不但买了房，还换了更好的车，从一无所有的穷小子逆袭成了职场精英。

亲戚说，当初的那辆车，是他高攀了，以他当时的收入，根本开不起，但他就是想要一辆车，就是想过上有车人的生活。如果这只是一个梦想，可能永远也无法实现，还不如干脆把它变成现实，然后再努力维持这种生活。

有时候，梦想和现实是不一样的，现实会逼着你勇往直前，奋力突围，逼出你前所未有的潜能。

我刚到浙江打工时，和当时大多数外来务工人员一样，住在城中村简陋的民房里。没有卫生间，没有厨房，没有网线，而且离公司很远，每天骑车都要半个小时。

我对这种居住条件当然很不满，每次经过公司附近的一个小区，我都会仰望很久，然后轻轻地对身边的人说，我能不能搬到这样的地方住?

听到这话的人都会拼命摇头，告诉我，这里的房租有多么高。是的，确实很高，是我工资的三分之一了，而那个城中村的房子，只有两三百块钱，确实更适合我们这种低收入打工者。

我在那里住半年，知道了有些人在城中村一住就是七八年，知道了新来的打工者都会住这样的房子，知道了搬到小区的人，都是涨了工资发达了的。像我这种刚来不久又没涨工资的人，唯一的出路就是住在城中村里。

刚开始我也安慰自己，别人都是这样过来的，凭什么我不能？但是随着时间的推移，那些自我安慰变得像泡沫一样易碎。没有卫生间，我每天晚上都睡不踏实，没有网线，我写好的文章就没有办法发出去。

半年以后，手里稍稍有了一点余钱，我便一咬钱，搬到了让我仰望了无数次的小区里去。

对于我的这次高攀，其他人都很不理解，也觉得我是个贪图享受的人，在公司里碰到，大家都会表情怪怪地问：“还住得惯不？”

其实他们的潜台词很明显：周围都是有钱人，你自卑不?

我总是笑着答：“住得惯。不是客套，是真的住得惯，住的非常好。”

新房子有厨房，有卫生间，有网线，还有大窗子，上下班也特别方便，走路十几分钟就到了。我不再晚上失眠，我可以为自己做顿美食，我可以安心坐在电脑前把写好的文章发出去。

心情一下子变得好起来，文章也陆陆续续地发了一些，偶尔有稿费单寄到公司，那些零零碎碎的钱，差不多也快够交房租了。

虽然住高档小区对于低收入的打工者来说，是一种高攀，但是我得到的，绝对比多付的那些房租更值钱。

我们一贯的认知里，就是做人要脚踏实地，不要好高骛远，不要去高攀。事实是，有时候我们就是要抛下羞耻心，适当地去高攀一下。这样，我们能看到更多不同的风景，能给自己一种激励，能给生活带来更大的方便，能让梦想更早一点实现。

总是站在低处，视线会受阻，斗志会丧失，梦想会磨灭，不如放下那些包袱，大胆去高攀。让风从耳边过，把心涨成饱满的帆。

保持心的平静，把事做好

从前有一位画家，想画出一幅人人见了都喜欢的画。经过几个月的辛苦工作。他把画好的作品拿到市场上去，在画旁放了一支笔，并附上一则说明：亲爱的朋友，如果你认为这幅画哪里有欠佳之笔，请赐教，并在画中作上标记。

晚上，画家取回画时，发现整个画面都涂满了记号，没有一笔一画不被指责的。画家心中十分不快，对这次尝试深感失望。

画家决定换一种方式再去试试，于是他又摹了一张同样同样的画拿到市场上展出。可这一次，他要求每位观赏者将其最为欣赏的妙笔都标上记号。结果是，一切曾被指责的笔画，如今都换上了赞美的标记。

最后，画家无不感慨地说："我现在终于明白了，无论自己做什么，只要一部分人满意就足够了。因为，在有些人看来是丑的东西，在另一些人的眼里则恰恰是美好的"。

现实生活中我们也常常遇见类似的事情，就如现在做淘宝店铺，即使是你免费送的东西，还有人嫌弃你送的东西太小了，或者一些别的评论，人总不会有满足的时候。现实生活中，什么样的人都有，即使你是好心，即便你尽了全力，但你还是不可能使所有的人都满意。

你不能让所有人都满意，因为有时并不是所有人都是善良的人。

别人说的，让人去说，别人做的，让人去做。嘴巴长在人家的脸上，我们也控制不了。我们会继续以我们的服务对待我们的客户，自己做到了，别人如何去说，就是别人的事了。

……

一位上了年纪的父亲和他的小儿子一起赶着他们的驴子，打算到市场上去卖。他们没走多远，遇见了一群人聚集在井边，谈笑风生。

其中有一个人说："瞧，你们看见过这种人吗，放着驴子不骑，却要走路。"父亲听到此话，立刻叫儿子骑上驴去。

走了一会儿，他们遇到了一群正在争吵的老头，其中一个老头说："看看，这证明了我刚说的那些话。现在这种社会时尚，根本谈不上什么尊敬老人。你们看看那懒惰的孩子骑在驴上，而他年迈的父亲却在下面行走。下来，你这小东西！还不让你年老的父亲歇歇他疲乏的腿！"父亲便叫儿子下来，自己骑上毛驴。

他们没走多远，又遇到一群妇女，有一个妇女大喊道："你这无用的老头，你怎么可以骑在驴子上，而让那可怜的孩子跑得一点力气都没啦？"父亲立刻又叫他儿子来坐在他后面，两个人合骑着一头毛驴。

过了一会儿，来到一座教堂前，一位牧师叫住了他们："喂！喂！请等一下，那么弱小的驴子让两个人骑，驴子太可怜了。你们要去那里呢？""我们正要带这匹驴子去市场卖呀！""哦！这更有问题。我看你们还没走进市场，驴子就先累死了，恐怕还卖不出去呢！""那么，该怎么办呢？""把驴子扛着去吧！""好！就按照你说的办。"父子俩立刻从驴背上跳下来，将驴子的腿捆在一起，用一根木棍将驴子抬上肩向前走。经过市场附近的一座桥时，很多人围过来看这种有趣的事，大家都取笑他们父子俩。吵闹声和这种奇怪的摆弄使驴子很不高兴，它用力挣断了绳索和棍子，掉到河里去了。

这个故事说明了这样一个道理：不同的人站在不同的立场，会有不同的看法。无论你怎样做，你都不可能做到让所有的人都满意。所以，做事要有主见，如果自己认为是正确的，就要坚持下去，不要被别人的意见所左右，不要企图让所有的人都满意。那位父亲想让所有的人都满意，结果谁都不满意，还把毛驴弄丢了。

在做事的过程中，常会面对很多的批评与指责。

想要让所有的人都赞美你、肯定你，那是不可能的，一个人的价值也不是寄托在他人的赞美或批评上，只要尽心尽力去做就好；至于其他人如何的批评、如何的期许，就不必太在意。

一个人是不可能让所有人都对你满意，即使已经尽全力去做，还是会有让别人抱怨的地方。如果所的人都对你感到满意，反而表示你可能有问题。因为如果做坏事，好人会骂你；做好事，坏人会骂你。

太在乎别人的赞美，会变得骄傲；太在意别人的批评，会觉得懊恼，对你或对事都不好。所以，最好的方法应该：随时保持心的平静，把事做好。

你的内心，拥有改变命运的力量

因为你要从坚硬的泥土里开出花，

才能收获魅力源头的根部养分。

因为你要忍住疼，

才能拥有那种真正深刻的眼神。

你要忍住疼，才能真正地拥有

[1]

我有一位旅居欧洲的女性朋友，刚认识的时候，我就默默把她放在了我心目中“最会生活的女人排行榜”第一名。

只是那时候，我并不知道她已经离婚了。

她会用心给两个孩子摊金黄的中国煎饼，自制传统早餐豆浆油条。她会做考究的西式甜点，孩子们去朋友家都会骄傲地带上妈妈做的苹果玫瑰玛芬蛋糕。

她在院子里用漂亮的彩色陶盆养小青菜、水培油菜和小番茄，种植蟹爪莲和风信子。她和朋友们聚会，素面朝天，戴宽边眼镜，皮肤细致，神情恬淡，是那种有阅历的女人独有的悠然自如的状态。

她每天给家里换上娇艳欲滴的新鲜花朵；练习剪纸和手工；热烈庆祝每一个节日；为孩子们准备充满童趣的午餐；自己去语言学校学习难懂的外语；跟邻居学做饼干；带孩子们去郊外，在湖边和山坡上挖洞和做陷阱。

偶尔，她会写下一些生活的感悟与我交流。文笔优美洗练，看得出深厚的文学素养和知识储备，同她本人一样，不露声色，却难掩从容。

最近春光尚好，她正出门旅行。自己制定出游攻略，背着包拜访陌生的国家，住陌生的小镇，品尝陌生的美食，爬陡峭的碎石坡，住果绿色的别致客栈。

她说：“保持自己的爱心，即便不对人，也可以对事、对周遭啊。要让自己容易满足，心思就不能太重。爱情是奢侈品，能有固然好，没有亦是常态。”

她说：“我喜欢出门，哪怕没有目的，没想到离婚之后，愿望得以实现。”

[2]

40多岁的女人，活到一个每天都生出自自然然的欢喜心的状态，自身的悟性和生命的眷顾该是缺一不可的吧？然而，她说，并没有完美的人生。

她与先生在国内奋斗打拼多年，先生创业有成，志得意满，她知性优雅，蕙质兰心，他们有两个聪明可爱的儿子。

具备一定的经济基础后，全家移居国外，为孩子提供更多元化的教育环境。然而，她遭遇的变故与八卦贴和电视剧里的狗血剧情并无二致。

她的闺蜜把她的老公给抢走了。

在一个陌生的国度，失去了风雨同舟十几年的男人。一边是深情掩埋，一边是欲望炽烈，她老公离开了她，她被迫面临离婚。

他们飞回北京办理离婚手续，那是一个阴沉的上午，她坐着出租车驶向当初结婚登记的地方。

当年，她遇到的是一个性格有自闭和小缺陷的男人，他没有风光体面的外表和优渥雄厚的经济实力。他们一起构建了这个温暖有爱的小家，一点一点为它累积资财，一点一点为它添油续命。

然而这个家庭的解散发生得猝不及防，在它最接近幸福饱满圆熟的时刻，犹如夜空中的烟花，甫一盛放就掉头急速坠落，湮灭于暗夜。

覆巢之下，焉存往日恩情？十多年来他们之间的种种欢乐悲喜也在这场变故中被不体面地碾压殆尽，柔情易碎，覆水难收。

她平静地办完离婚手续，无法停留半刻，立即飞回孩子身边。当地晚间快十一点，她轻轻推开房门，孩子们已经熟睡。因为时差的缘故，日期仍然是她走的那一天，她说："我用偷来的一天，办完了离婚手续。"

她坐在餐桌旁，坐拥无边的宁静。桌上放着孩子们的绘画作品，是临睡前特意留给妈妈的礼物。为了这两个小天使，她知道，无论如何，她都会好好生活下去。

她向来具备这个能力，而这个能力在离婚后却得到了真正的展示。就连前夫也没有意识到，那个昔日里不声不响的女人，竟然有本事把日子过得热气腾腾，风生水起。

[3]

圣诞节快来临的平安夜，她把每一个房间都布置得色彩斑斓。亲手制作贴画、剪纸，准备圣诞树和丰盛的晚餐，刀叉、摆盘精致考究，锃明彻亮。她在屋子里到处放满新置办的鲜花和盆栽。

这个男主人缺位的家庭里没有一丝毫自怜自艾的气息，凡清冷所到之处皆被她的巧思妙手一一点缀荡平。偌大的屋子，每个细小的角落都欢欣得禁不住要热闹地唱出歌来。

她没有瞒着孩子编织美丽的谎言，也没有怨气横生地指控任何人，只是如实相告：父亲与母亲已经分开了，但你们依然拥有完整的父爱和母爱。

她不怨愤，她的房门始终对他敞开，允许前夫与孩子共处。爸爸前来带领孩子们一起拆圣诞礼物，孩子兴奋雀跃，她在一旁静默微笑。

热闹过一阵，她打发前夫回去，该是前夫与他的新女友共度良宵的时辰了。她对他的敞开，只是因为孩子和彼此过往的联结，而并非对爱情还有什么摇尾乞怜的幻想。

骨子里，她甚至连爱情的残渣碎屑都清空不留。当初，能夺走的就不会是真爱。如今，哪怕有把握赢回来，对她来说，也是不值。

她的心，一片寂静，像极了杨绛说的那句：我和谁都不争，和谁争我都不屑。

她领着两个孩子，每天把日子过得热热闹闹，轰轰烈烈。她参与孩子们的弹琴、升学、打台球、考自行车驾照，等等每一件大小事。她带领孩子们读书、讲故事、开Party、喝咖啡、野餐、旅行。她照顾孩子一日三餐，陪伴孩子感冒发烧，耐心等待他们长大。

她用食物包装盒的彩色卡纸、厨房用剩的纸巾卷轴和塑料吸管，做出可爱的杯垫和笔筒。她用烧尽的蜡烛铝箔底托剪成漂亮的星星，挂在房间的圣诞树上。她对照网上的教程，熬夜做一只有棒棒糖鼻头的驯鹿，只为了看到孩子们早晨醒来那一抹惊喜的表情。

刚出国的时候，她对生活居住地附近的公共通知、宣传语、告示、报纸、信件几乎都看不懂。现在，她努力学习语言，一点一点融入当地文化，已经可以顺利带领孩子们参与小镇举办的各种社交活动了。

她结识当地人家庭，邀请他们来家里过中国节，吃火锅、包饺子、拆红包。她在语言学校认识了一群亲如姐妹的同学，她戏称她们为“中年天使”。人到中年，异国他乡，有一群相知相伴的人可以喝茶聊天，交流女人的心事，她对周遭的一切感到很满意。

年过40，她突然想去打耳洞，只为了能戴上朋友送的美美的贝壳耳钉。她给自己送花，三八妇女节这天，她和朋友们聚众畅聊回来，看桌上的花儿开得正欢，有一屋子的芳香陪伴，一个人的夜晚也便不那么寂寞了。

她翻修阁楼，特地打出几个大大的明亮的天窗，让阳光照进来，墙面刷上她最爱的果绿色。她说，将来如果来了朋友，扔两个垫子上去，统统住得下。

她在家里布置出一块大大的照片墙，上面贴满孩子们从小到大的照片，其中当然也有前夫的身影，她并不避讳和排斥什么。有她的地方就是孩子们安全坚实的家，这个家健全富足，什么都未曾失去，一切完美如昨，每天都有更美好的事物蓄势待发，呼呼生长。

[4]

而那个照片里的男人，如今却时常带着郁闷的心情逃回这个家里来，想必是受尽了新女友的委屈。是啊，所有新鲜激情的欢愉最后依然要回归生活的本质。

她平静看待他们之间的纠葛，也曾试图帮忙理清他的问题和麻烦，但最终还是放弃。他虽然曾是这世上唯一最亲的男人，如今却已成为了在各自轨道运行或许永不相交的行星。

唯一的交集是孩子，他越来越把她这里当作安全的庇护所。有她、有孩子在身边，有熟悉的家的味道，看上去一切似乎依然可以拼凑完好。可她早已千帆过尽，保持站立在与他最远的距离，他来不赶，他去不留。

[5]

谈起这场缘分，她依然感激前夫，在他们共同奋斗的那些年里，他还算争气和用心，为孩子们创造了衣食无忧的物质环境。离婚后，他也自觉地共同承担养育孩子的责任。

有人说，离婚是富人的专利，结婚是穷人的刚需。没错，在这场离婚事件中，她幸而没有落魄成一个穷光蛋，这是他们早年辛苦打拼的善果，但这并不足以支撑她优雅地面对独在异乡的离异生活。

她的大儿子患有高功能自闭症，就是那种令许多父母崩溃的神经系统疾病，这个病来自于前夫的家族遗传，前夫本人也有这个疾病。

也许当初，在她的闺蜜眼中，那是一枚稳重有成、谦逊温和、风度翩翩的“别人家的老公”，却忽略了那个完美形象背后是有人在默默经营和成全多年。

一旦他们之间由热恋过渡到平淡地生活，她的闺蜜未必能消受和承担了这个男人的全部。

而她，曾用心守护这个男人与孩子们。数十年间，把日子过成诗。

外人看到的完美，是因为她对生活永远满足的微笑，却并不能够确保，置换到她的处境，是否能拥有同样怡然自得的姿态。

[6]

离婚后，她独自带孩子去做持续的康复训练。孩子聪明伶俐，有各种各样丰富的兴趣爱好，爱读书、爱运动、爱下棋，小小年纪已经可以阅读大厚本的外文原著。她如花盛开的内心，日日滋润着孩子的心田，这样的浸染想必是对孩子最好的照护吧。

春天到来的时候，她带着孩子们去湖边采野菜，这是她去年和那个（如今已是前夫新女友的）闺蜜一起同行出游的地方。当时，她还当她是姐妹，不曾想，一年的时间不长不短，人间已换了天地。

她特意仔细感受了自己的心情，结论是：小有异常，并无大碍。这一年，她忙着结交新朋友、安排新生活，那些最初的寂寞和抑郁正被缓步而来的自由和轻松所取代。

她说这一切看上去云淡风轻，事实上，真不容易。

她依然精致动人，只是倍添成熟淡定，那种对生命的接纳和了悟直让人感叹世间竟有如此震撼人心的美好。

所有遭遇带来的礼物和所谓苦难收获的财富，就是：你成了一个更好的存在。如果不是这样，说明我们还是没能过得了心里那道坎。

这世界看起来如此美丽富饶，来自于每一粒种子、每一朵花的优雅。这优雅与你喝什么咖啡、穿什么名牌并没多大关联，而在于我们对生命的真相了解多少。

回首来路，她不回避也不美化自己，她说："婚姻解体，绝非一日之功，我也有我该承担的责任。所幸经此种种，对自己的潜在力量有了更多认识。淬火而生，疼完了，就好了。"

[7]

现在的她，最新目标是增肥。婚变一整年，人瘦了十几斤。她打算近期回国探望亲人，她要意气风发地出现在父母面前，再告诉他们：离婚没什么可怕，如今的好状态正是得益于这场变故。

她笑言："四十多的年纪，考虑父母，考虑孩子，还要照顾好自己，我是有多么坚韧淡定啊，我都要爱上自己了。"

是啊，女人们，都要好好爱自己啊，不管到什么时候，谁离开了你，你失去了谁，都要确保你一直是最爱自己的那个人。

因为你要从坚硬的泥土里开出花，才能收获魅力源头的根部养分。因为你要忍住疼，才能拥有那种真正深刻的眼神。

努力着的时光是记忆里最好的时光

出差路上，我一直在看一本书《偷书贼》，同事笑，主角为什么要偷书，这一定是个悲惨的故事。

看到他好奇的眼神，我为他讲述了整个故事：战乱中，九岁的女孩莉赛尔和弟弟被寄养在陌生人的家中，弟弟不幸身亡，悲伤之余，莉赛尔偷到了一本掘墓工人的手册，从此，她忍不住开始偷书，每天只有夜晚时，她才会偷偷和书相遇。书带给她的是另一种生活，她沉浸在奇妙的文字世界，不愿出来。书陪伴着她，让她成长，也最终带她走向了新的生活……

听罢，同事感慨，其实最好的时光都是“偷”来的。

他曾经也是一个“偷”时间的“贼”，与其说偷，不如说是与时光赛跑。他至今依然怀念那段生活，正是那段时光成就了从此不同的他。

大三结束时，女友前程已定，要自费前往香港中文大学读研究生。同事家境不好，家人更希望他去上班，所以，即使他很爱女友，也无力追随。除了失恋的痛苦，还有挫败感在折磨着他。他默默地告诉自己，人生只有这一次考研的机会，如若失败，再也不回头。整个大四，他每天都是很早起来学习，吃饭时，走在路上，他都会时不时拿来笔记看上两眼。充实感让他觉得很快乐，他的心变得很安静。

那时，他才明白，一个身心投入的人是不会计较结果的，他更在乎整个过程中心境的成长。那年他并没有考上，也没有接受调剂，但他从考研中学到了一个非常好的学习方法，那就是如何偷着时间去学习。

这位同事现在也是一个与时间赛跑的人，工作之余，他读完了MBA。我们总在感慨，若让自己去过他的生活，难免会觉得无法支撑这种辛苦。殊不知，一个偷时间的人根本不觉得那是疲惫生活，因为他正享受其中，那是他一个人的世界，以及最好的时光。

我们出差时，时间会被工作安排得很满，若你想再挤时间去看一个城市的风景，难免会有些不自量力。我拿着地图计算着宾馆和景点的距离，正当想放弃时，那位同事却拿出来一个本子，上面记录着他去过的城市，他对一些风景独特的感受。

周围的同事无不瞪大双眼，言辞中满是羡慕。这些城市都是我们一起走过的地方，若有不同，其实就是他会在心中记下城市最好的风景，然后一定会去看，那时我们多半是在睡觉或玩手机。结果就是，那些地方对我们来说依然陌生，我们好像从未去过，同事却可以拿着记录对我们讲许多新鲜有趣的故事。

于是，我暗暗下定决心，也要像他那般，每到一个城市一定去看其中最经典的风景。夜晚，我的内心突然响起一个声音："你还真打算去？咱还是洗洗睡吧！"

凌晨四点半，我真的起来了，当我来到公园看日出时，每一束阳光从海面挣扎而出，仿佛来自天堂。那一刻，太阳平静而执着，像一个成长时想极力离开母亲怀抱的孩子。我不禁热泪盈眶，想象着多年前自己一个人去外地读书时也是这般景象，如此想挣脱那束缚。如今再给自己一次机会，我是否依然会义无反顾地冲出那自以为是的枷锁？

从此，即使是出公差，我也不再匆匆赶路，我一定会"偷"出时间去看看那座城市里最盛名的风景。到了宁波，结束一天工作，我特意赶往东钱湖，感受渔民们独树一帜的生活和热情洋溢；到了广州，我特意到红棉树下站了许久，感受风吹过红棉的浪漫……

慢慢地，我也学着去“偷时间”，并感受其中的乐趣。比如，试着比别人晚半个小时离开公司，只为了享受安静地去读一本书的感觉，只需三个月，你会感慨自己的阅读量真的很强大；在地铁上，戴上耳机，试着去学一门自己感兴趣的语言，然后你可以试着用它与外教交流。你会惊奇地发现，时光如水流，不去珍惜，它只会荒废，一旦如拾珍宝般去爱它，它一定会给予你最正能量的回应。

前几日，去北师大听余华先生的讲座。先生说想写好文，要有一种紧迫的饥饿感。所有人都不解，写作为何需要饥饿感？

先生说，最初他写作都是偷偷而写，他很怕别人知道自己在创作。他总觉得时间不够用，任凭自己如何努力，也无法填补内心的求知若渴。

先生一直念念不忘最初写作时的心境，以及他对文字的饥饿感，其实怀念的就是自己偷着与时间赛跑的满足感吧！当你用“偷”去形容内心的珍惜之情时，多半是因为内心是愿意去做这件事情的。

黑夜过后，凌晨未明，世界都在酣睡，唯有那些偷着与时间赛跑的人会准时醒来，他们在世界的角落里，默默地努力，做着自己想做的事情，感受着充实带来的满足感。或许他们从不会高声说出自己的梦想，但他们真的正走在梦想的路上。

我愿为每一个偷时光的人鼓掌，我愿致敬每一个与时间赛跑的人。此时，每一个偷来的时刻，都是最美的时光。等以后再回想时，或许之后所有的成败，都抵不过那时努力所带来的欣喜若狂吧！

多谬误一天，就少正确一天

我一个很漂亮的朋友，找了个男朋友足足大她二十岁，当时她曾经问过我意见，我实话实说："这个人配不上你，你何必呢？"她说："我不爱他，但是他对我很好，我觉得两人这样相处下去也不错。"

最后的结果是，她被这个男人甩了后一度精神崩溃。我记得她对我说的最惊心的一句话是："我都愿意嫁给他了，不嫌弃他了，他怎么还这样对我。"

好吧，自己先有嫌弃之心，勉强自己这么与对方相处，你以为对方是不会察觉的么？当然是察觉了，又迫于喜欢你而忍耐了，最后实在忍无可忍，爆发出来。不要怨天尤人，他给你的这个报应，属于人之常情，要是他能够忍受这样的感觉一辈子，那不如直接称为当代苏格拉底。

被好的人甩了，痛哭一场也就算了，被自己原本嫌弃的对方抛弃，那才最最可怜的。因为即使你并不深爱对方，相处久了也是有感情的，分手时除了感情的断裂，更多的还有不甘心。这个不甘心，就是传说中雪上加的那霜，可以让你惊觉生不如死，人生观为之改写。

有个很古老的实验，说可以发给每个小孩一颗糖，如果小孩愿意忍耐一个小时再吃，那就可以额外多得一颗。据说能忍耐一个小时的小孩日后都成了大器。这个实验每个人听了都有不同的看法，我觉得这就是告诉你，要有理性和远见，你才能得到更多更好的。

在开始时，不够喜欢，不够满意，就不要答应；在感情中，鸡肋了，淡薄了，对方对你不够好，就别再拖下去。拖下去只会变少，绝对不会变多。温水煮青蛙，煮着煮着，青蛙就死了。

我大概要讲一万遍，才会有人相信，女孩子在恋爱里，付出的往往比男方多得多。女孩子的时间，是更加拖不得的，机会成本对女孩子而言，比什么都重要。不要高估自己的定力，不要高估自己的理性，你并不清楚自己会爱上什么样的人。不把位子空出来，则不会有人来坐。你要等到那个合适的人，势必要先一步摆出空着位子的态度来。否则随着时间渐长，你会发现你越来越离不开这个你曾经嫌弃的人。

所以，遇不到合适的人的时候，请你享受寂寞，在恋爱间隙里的寂寞，是必需的，耐得住寂寞，是很重要的一个恋爱环节。因为害怕寂寞而去接近对方，得到的不啻于饮鸩止渴。在恋爱中，无法忍受被彻底冷落的寂寞，想要将就着一段并不满意的感情度过的话，你一定会为此付出代价。

在恋爱中也有类似的情形，有些男人一开始对你很殷勤，然后突然冷落你，或者一直不徐不急，对你很好，也不提要你做女朋友，只是一直消耗你的时间。有些恋爱高手就很擅长用这一招来对付原本没有希望的优秀女孩。他们对你，不是没有感情，只是这个感情太稀薄，按照正常恋爱模式来权衡，按照相伴一生的标准而言，太不够，太不够了。

我曾经也是个性子很急的人，问题是，你一急，先输一筹。后来我就不急了，是的我很想他，我相信他也很想我，他未尝想到要打电话给我，那么，又何必自低身段；是的我喜欢他，但是他并不喜欢我到愿意顾及我的心情和想法，那么又何必在结婚前绑死在他身上。

习惯了一个人对你的好，习惯了他的体贴，你会越来越离不开他。如果突然失去，那种难受会如同戒毒一样，让你宁愿饮鸩也要止渴。最好的办法，就是不要放纵自己养成依赖一个人的习惯。习惯的养成一般是3天和7天，3

天养成一个小习惯，7天养成一个大习惯。所以如果你不够喜欢他，不够满意他，不要连续和他保持三天以上的密切短信往来，或者连续约会超过一个礼拜。一定要时不时给自己一点缓冲。

很多条件优异的女孩子，身边都有着一只平凡至极的“青蛙”。这些女孩子也知道身边的他是“青蛙”，但她们不知道，自己才是那只被温水煮死的“青蛙”。愿你不会先做了一只“青蛙”，然后挽着一只“青蛙”。

简单一点来说：多谬误一天，就少正确一天。

如果你想要有所成就，请提升你的自制力

你有没有过这种情况：

打开今天决定要看的书，看了两页，拍张照片，发了个朋友圈打卡，然后等待着点赞评论，再抽个时间回复评论，等待与渴望被关注的时间一点一点过去，直到该洗漱睡觉了，你才发现，那本书一直停留在第二页上。

想学英语，看看时间还早，看会电视剧吧；这个电视剧怎么拍的，情节都对不上啊，太无聊了，还是玩会游戏吧；游戏玩得差不多了，一看时间，半夜十二点了；算了，还是明天再学吧，反正也不差这一天。

减肥中呢，却总是管不住自己的嘴，看到这家店要去尝一尝，看到那个好吃要买回来吃一吃，还不断地安慰自己，减肥不差这一顿。

于是，我们给自己找到了很多的借口，什么拖延症啊，懒癌晚期啊，人生得意须尽欢啊，五花八门，各式各样，这些借口也都说得过去，还附带着勇于自嘲的幽默感。

然后呢？

然后，我们一边会说着：唉！我也想改变啊，我好迷茫无助，我好惆怅无奈，我也不想这样的，我想做得更好但就是找不到方向。

再然后，我们仍然在原地踏步的位置，止步不前。

你有没有透过这些表象去看看自己的内在？

你为什么做不到？

因为你连最起码的自制力都没有。

自制力是什么？

自制力，就是一个人控制自己思想感情和举止行为的能力。

昨晚有个姑娘给我留言，说她控制不住自己，每隔几分钟就要刷一下朋友圈，她知道自己这样不对，也想改变，想努力学习，但就是做不到。

当你想要改变的时候，是因为你本身已经意识到这种行为给你带来了不良的影响，而你为什么没有改变成功？

我们每个人都会遇到这样的问题，能否做好的关键在于是否拥有强大的自制力。

频繁的刷朋友圈，是你的自制力没有达到与你想要的东西抗衡的地步，所以你一再放任自己一遍又一遍的刷，仿佛只有这样才能找到你的存在感和充实感。

什么迷茫，不知道路在何方，都是自制力不能发挥其作用时，我们给自己找的借口。

你是学生，就要努力，学习考出好成绩，你是员工，就得全力以赴，做出好业绩。迷茫不过是懒惰的出口，你没有坚持过就说自己没办法，那是对自己的贬低。

所以你要强制性的让自己改变，把花在朋友圈的注意力转移到自己有兴趣的事情上，然后循环渐进，再去学习自己专业方面的知识。

自制力太差是一种什么样的体验

我上个周末用了一整天的时间来收拾屋子。

理论上，就算大扫除也用不了一整天；而实际上，我确实花了一整天的时间，浪费在了做家务这件并没有让我获得快乐的事情上。

先收拾卧室，把床单被罩都换下来，换着换着觉得房间好安静，还是有点声音的好，打开电脑音响，原来播放列表里的歌都听腻了，于是又到曲库里搜索，一首一首的试听，半个多小时过去了，终于找到几首差不多的，才想起来还要干活。

好，继续，现在要收拾玩具了，该洗的放到盆子里，其他的归置到相应的箱子里。咦，好久没玩这副象棋了，练练手吧，叫上秦先生杀一盘，输了，转身看到玩具仍然是散落一地。

卧室终于捯饬得差不多了，转战客厅，有点无聊，一边看电视一边收拾吧。

《琅琊榜》看过了，《芈月传》不想看，《国土安全》得盯着字幕才能看懂不适合此时，推理费脑子的也不行，因为擦桌子，拖地不能时刻对着电视情节跟不上不过瘾……

找了将近一个小时，最后确认看笑傲江湖。

好了，客厅也收拾得差不多了，现在就剩下厨房的卫生和卫生间要洗的衣服了。

想看看冰箱里有什么需要处理的，结果被酸奶吸引了，拿出两杯来喝掉，再找找还有什么吃的，也吃掉……

当我洗完衣服彻底解脱的时候，天都已经黑了。

其实，我本来可以两个小时就完成的事情，我用了一天外加没吃午饭的时间。

我完全可以先做完家务，再吃点东西，再看看有什么感兴趣的事情，或者看看书或者研究研究象棋。

而不是一会做这一会做那，家务没做好，我在其中也玩的并不痛快。

因为自制力不强，总是被这些外在的事情所吸引，分散了注意力，从而放任自己去为那些琐事分神劳力，不能专注地去完成我们想要做的事，导致了时间的浪费，精力的消耗。

从兴趣开始，到顺其自然我们应该如何提高自己的自制力呢？

首先你要找到你有兴趣的事情，俗话说兴趣是最好的老师，兴趣所在，便是动力所在，这有助于集中注意力的培养。

其次，要找到一个你想要前进的方向和目标，毫无章法的规划有可能会把你带到偏离的轨道上，所以你要想明白你想在哪方面有所发展和深造，选对了方向，事半功倍。

再者，你要强制性让自己去坚持，比如你要报考MBA，那你每天就要拿出一个小时或者更多的时间来练习听力、口语、笔试试题，每天无论多么的困多么的冷多么的不愿意起床，你都要坚持把这部分练习完。

在这坚持的过程，就是你自制力不断增强的过程。

一个人的文化素养，生活涵养跟他的自制力是息息相关的。我见过很多优秀的人，他们不怎么刷朋友圈，他们宽容大度，不为小事斤斤计较，很能够控制自己对他人的脾气和度量。因为他们深知，小事和冲动不会给他们带来任何有益之处，还有更重要的事情要做。

文化素养，从另一个方面来说，它代表了我们内心的层次，层次越高，人生观和价值观更为高尚，他能够看到常人所不能理解的那一面，并坚持自我完善和控制。

提高知识和素养，与提高自制力，相辅相成。

罗伊·L·史密斯说过：“自制力宛若受到控制的火焰，正是它造就了天才。”

如果你想要有所成就，就放下那些迷茫的借口，培养好你的自制力，你终将能收获你想要的。

Do it now！

人生的丰盈，有时候恰恰是做了一些无用的事情

当下的快节奏生活，每个人都在“奔命”，都在消费我们的未来！因为贪婪而忙碌，不是勤奋，是不懂生活。真正的生活就是每一寸时光来临的时候，我们能从容的接纳。缓慢不是懒惰，是遇事遇人的尊重。人生就像阅读，只为一点点的浸润，而不是看工具书，立马能在生活中利用。

搞“深度游”，几位好友留恋在小镇时光，喝茶，聊天，看着夕阳渐落，河水流过，坐在清风里静默。路遇同乡，匆匆赶路，自豪地说，一天看了三十个景点。

再问我们，三天看了一个小镇，还能快乐成如此。我怜悯他们匆忙的时候，他们一定觉得我们在浪费时光。

旅行是什么，刚刚好的遇见，与时光握手言和。而奔命般的赶路，不是旅行，是经过而已。

亲爱的你，我想告诉，过分的忙碌不是勤奋，是奔命呵，生命没有往返，过去的就是永远。人来到世界，是一点点的经历，不赶也会老的，不急也会长大，你领跑成世界第一，又能如何，徒留遗憾，感叹因为赶路，忘了自己。

那年有个领导动员职工工作要有“五加二，白加黑”的干劲。动员会上大家被激情点燃的热血沸腾。有那么一刻突然觉得有些悲哀。

孩子从一出生就被开始灌输不输在起跑线上，每个人都是百米运动员，气喘吁吁地赶跑。就是号召我们“五加二，白加黑”的那位领导，紧紧抓着权力，事必躬亲。

我看他的人生有时候比我们还可怜，8点半上班，门口就排下几百米的长龙等着办事、请示汇报的人，12点半我们走的时候后面还有几十号望眼欲穿的人。

这样的工作量，三五年过去，身体肯定要吃不消的，这样往往会得不偿失。

人生一辈子真的不算长。有时候我们被一种莫名的快节奏裹挟着前进，仿佛缓慢下来，就是耻辱。

更可笑的是，在这种快节奏前，每个人见面的招呼都是：最近忙不？仿佛不忙就是罪过一般，这样的结果弄的很多人不是在加班就是在加班的路上，仿佛这般才能方显出你工作兢兢业业，而自己呢？实在可悲。

我一个同城的同学自从当了一个社区的书记，就和同学失散快5年了，每次同学聚会不是加班就是领导来视察了，终于有一天我一个同学看出疑惑，问：天天视察，还叫工作吗？众人兼沉默状。不语是对不会很好安排工作时间，更是对不善待自己的人的最好回答。

我也奇怪，本来2小时能办完的工作一定要用一上午的时间，不然闲下来的时间被圈养在单位不让上网，不让看书，不让和同事说话，像草原被禁牧的羊群，都很肥，但肉很难吃。

在这种不正常的快节奏里，每个人都像忧心忡忡似的，这样工作几年，我们就被裹挟在洪流里，忘掉自己了，而且很多的人都习惯了这种生活，美其名曰：安分守己。其实是我们把自己的心灵囚禁起来，一个灵魂不自由的人，怎么能有飞翔的快乐和幸福！

有次我出差返程中，后面一辆车飞速要超车，喇叭按的巨响，仿佛再不避让就飞过去一般，我和老婆说："快让后面这个先走哇，这人赶着可能有急事。"

大约过了10分钟，前面堵车，传话过来说有车肇事，等清理完现场我们经过的时候，留意了那辆肇事的车，我老婆眼尖，居然就是那辆着急超车的人。车已变形，人也呜呼了，这够快的，马上就走完了自己的一生！

为什么我们不能缓慢一点？！让生活占据生命的上风。我们还有那么多的风景，那么多的美好没有遇见，单纯一点，干净一点，好好享受生命的奇妙旅行，好好地活着。

快乐有时候真的像是掉在草丛里的针，你不找他，他即使生锈也不会找到你的。

我十分敬仰圣主成吉思汗，他告诉他的子民，蒙古人是长生天的子孙，草原是我们唯一的家园，所以明智的圣主归去后把自己掩埋在草原深处，人生不带来，死不带去，归于大地这是真正的入土为安。

他化成了山河和明月，看着草原的辽阔和舒展，不像那些历代帝王，活着贪婪，攥着权力，日理万机，死后把自己埋葬在华丽的地宫，被他的后代挖出来抛尸白骨，万事不得安宁。

这样的灵魂真的无家可归。想想如果真的有来世，被抛尸者肯定肠子都悔青了，还不如裹一草席，与山川和大地融为一体。挖曹操墓，掏黄帝陵，一代枭雄最后被那点私欲和贪婪鞭尸荒野，这样的结果是多么的悲哀！

一个人活的节奏太快了就有可能忘记了灵魂，一个没有安详灵魂的人，一定没有信仰，活在混沌里的人什么事情都没有约束，所以什么事情都敢做出来！

有时我们忘记缓慢，忘记宁静，忘记远行，甚至忘记了亲情和感恩，忘记分享，忘记发呆，最后忘记了自己。

做什么事情都带着目的和利益，最后我们被欲望裹挟着前进，像吃了兴奋剂的运动员，内心不再干净和纯美。

昨天读杨绛的《百岁感悟》：“我今年一百岁，已经走到了人生的边缘，我无法确知自己还能走多远，寿命是不由自主的，但我很清楚我快‘回家’了。我得洗净这一百年沾染的污秽回家。”

大师都觉得来人世间沾染了太多的污垢，岁月是个导师，生活从此风轻云淡，只是可惜呀，那些大好年华哪去了？

对自己好点，我们其实都要静下来问问自己，我们过得幸福充实吗？用心感受生活，愉快地生活、工作。

毕竟，人生下来，活下去，不仅仅为了获取，与其匆匆赶路，到达终点，用漫长的衰老等着我们，不如从容的经历，看遍万山红过，陪你细水长流更美妙。

人生的丰盈，有时候恰恰是做了一些无用的事情，养心的事情。

你的心会带你去到想去的地方

前段时间，有个朋友说我很幸运，能够依靠写作顺利转行，成为一名以写作为生的自由职业者，然后又学习心理咨询，成为一名心理咨询师，做自己想做的事情，过上自己想过的生活。

我承认自己是幸运的，有很多与我一样热爱写作的年轻人没有实现自己的梦想。我知道写作拯救了我，也改变我的命运，这是我的幸运，但这份幸运的背后也有一份独自努力，默默承担的困苦与艰难。

20岁那一年，作为一个农村女孩，经历过连续两次高考失败，使我陷入非常抑郁的情绪中。第三年考上大学后，在最初3个月的大学生活中，白天我表面上装作若无其事的样子，和大家一起上课下课，吃饭聊天，每到夜晚我就陷入失败所带来的羞耻与自责的痛苦情绪中，失眠很长时间都伴随着我。

后来，我开始每天都去图书馆，因为寒冷的冬天，那里有暖气，也有书。当我重新捡起自己当初的爱好——阅读和写作时，我获得了内心的平静与治愈。大学毕业后，我坚持白天上班，晚上读书写作。就这样，过了两年，我出版了自己的第一本书。

我靠写作改变了自己的命运，有无数其他的女性写作者也是如此，靠写作拯救了自己，无论是物质上的，还是精神上的拯救。这其中，我最容易想到的人是J.K.罗琳，她从困顿到成功的经历简直就是一个传奇。

1990年，罗琳25岁，她45岁的母亲因病去世，她也没能见上母亲的最后一面。而彼时，她的工作又很不顺利，大学毕业后，她当过一段时间秘书，在曼彻斯特大学工作了一段时间。后来从英国只身前往葡萄牙发展，教孩子们英语。不久，一位名为乔治·阿朗特斯的新闻系学生对罗琳一见钟情，两人很快便简单地结了婚。但是这段婚姻来得快也去得快。女儿杰西卡出生，罗琳与丈夫维系了三年的婚姻也走到了尽头。

母亲过世，婚姻破裂，伤心欲绝的罗琳带着3个月大的女儿回到英国，住在爱丁堡一间没有暖气的小公寓里。那时她失业，靠着微薄的失业救济金养活自己和女儿。

生活的穷困潦倒，命运接二连三的打击，作为一个单身母亲的罗琳患上了严重的抑郁症，曾试图自杀。

在这样物质和精神都极端艰难的情况下，罗琳终究未放弃自己，也未放弃写作。

她寻求帮助，接受了约9个月的心理治疗。同时坚持写作。冬天，自家狭窄的屋子寒冷，无法写作，罗琳便推着婴儿车到附近一家有暖气的咖啡馆里写作。就这样，她写出了自己第一本《哈利·波特与魔法石》，前后共花了5年时间，但一切并未从此顺利起来，故事完成后，罗琳挨家挨户地寻找出版社，但屡次碰到钉子，多次寄出的书稿也均遭到拒绝，但罗琳没有放弃，她的故事和诚意最终打动了Bloomsbury的出版社，他们决定出版这部小说。

她的努力终于得到了回报，新书一出版便备受瞩目，成为畅销作品。截止到2013年年底，《哈利·波特》系列7部小说被翻译成65种语言，在全球各地卖出4亿本，创造了出版界的世界纪录。

《哈利·波特》系列改变了罗琳的命运，是她成为全球最富有的作家之一，连续多年蝉联全球最富作家排行榜。如今，她也早已有了一个完整的家，儿女双全，一家人幸福地生活在爱丁堡。

有很多人会说J.K.罗琳很幸运，但是在我看来，她的幸运背后是无论生活遭遇怎样的艰难和挫折，她都不放弃自己，不放弃自己喜欢的写作，不放弃努力去改写自己的命运。

一般来讲，那些相信“命运操之在我”的人比那些认为“命运天注定”的人，更容易改变自己的命运。

但是，对于很多女性来说，相信自己可以把握命运是非常困难的，她们虽然对现状不满，但是会有一种类似“习得性无助”的心理特质，好像认了命般习惯于让自己陷在痛苦的泥沼中，不敢迈出改变的第一步。

比如有的女性非常厌恶目前的工作，但是不敢离开，去做自己喜欢的事情，总觉得自己什么都不会，养不活自己。有的女性婚姻很不幸，也不敢选择离婚，总是害怕自己一个人无法过好。这跟女性的自卑心理，不相信自己内在是有改变命运的力量有关。

在组织团体心理成长的活动过程中，我看到许多女性总觉得自己不够好：我不够漂亮，我不够瘦，我不够聪明，我学历太低，我能力不行，我懂得的东西太少……她们对于自己通过努力得到的东西会认为“那是我运气太好”，对于自己目前没有拥有的东西会认为无法改变，因为“我没有那个运气”，内在的自卑让她们很多时候看不见自己有改变自身命运的能量。

这跟她们从小所接受的打击教育有关，跟整个社会对女性的刻板思维有关，这让作为女性的她们觉得自己是无力的，自己是不如男性或者其他人那般优秀的，这样不够好的自己，配不上更好的人生。但改变命运的力量，存于我们每一个人的内心，你的内在本拥有足够多的资源和力量让自己过得更好。

有人曾告诉我，她的朋友H的故事。

H中专毕业后在家乡一个三四线城市的电厂上班，31岁时因为丈夫长期酗酒而离婚，身无分文的她带着6岁的女儿来到陌生大城市打拼。刚开始在一家理发店里帮顾客洗头，住着小小的隔断间，买菜市场最便宜的菜，远方的亲朋好友都认定她无法在这个城市立足。

后来，她存钱去上自己喜欢的美容和化妆的课程。课程结束后，她工作日在影楼上班，休息日的时候自己接私活，给新娘化妆，做造型。再后来，她开了自己店，经过七八年打拼，拥有了近十家连锁店，不仅有了自己的事业，摆脱了当初的穷困，还觅得一如意郎君，再婚生子。

无论是通过写作还是其他的方式改写了自己的命运，过上自己想过生活的女性，都是从不放弃自己，不放弃学习和努力，对生活抱有坚定信念的人，她们敢于做出选择，而每一次的选择都在一点点地改写自己的人生。面对困境，只要迈出改变的一小步，做出选择，生活就像多米洛骨牌，被推动着前进，某天回头看，改写了命运。

我很喜欢汤唯近期为SKII拍的一支名叫《The change destiny》的视频。在视频里，她擦去脸上的烟熏妆，响起内心的独白：

每一秒，我们都有机会，让下一秒变得更好。因为真正决定命运的，不是运气，而是选择。

所以，请放下顾虑，忘记你不够好，请放下偏见，放下伪装，放下世俗的认可和完美标准。

改变命运的力量，存于我们的内心。你是谁，只因为你想成为谁。

众所周知，汤唯最初虽然演了许多戏，但似乎都不怎么红，后来大胆出演《色戒》，一举成名却遭到过封杀。封杀时间甚至长达2年，但封杀并没有让汤唯一蹶不振，她远赴英国留学进修，学得一口好英文。后来，她带着新作品复出，我们看到了《晚秋》《月满轩尼诗》以及再后来的《北京遇上西雅图》《黄金时代》。她从自己的困境走出来，华丽转身，成了全民喜欢的女神。

J.K.罗琳说："曾经跌落深邃的谷底，却变成日后重生深厚的基础。"对于汤唯和其他从困境中逆袭的人来说，也是如此。如果你现在的生活不是你想要的，令你不满和痛苦，请不要灰心，不要放弃希望，唯有你才能真正地拯救你自己。

改变命运的力量，就存在于你的内心。你的使命便是通过选择坚持和努力，在现实中踩出自己的羊肠小路，走上更开阔一点的大道上去，让自己更靠近梦想的生活。

其实，你没有那么多观众

有段时间我心心念念地想着要练习阿斯汤珈瑜伽，正好我的公寓对面有一家口碑很好的阿斯汤珈瑜伽馆，每天早上开设练习。这样的天时地利，想来必然是美好练习的开端。

但很可惜，我的练习在坚持了不到一个星期后就中途夭折了。这中间，当然有早起的艰难这样的原因，但阻止我继续练习最大的阻碍，是那个教室里“杀气腾腾”的气场。说杀气腾腾大概是有些危言耸听了，但这个教室里高手如云，练习时那种严肃而认真的气氛，对于我这种刚开始接触阿斯汤珈练习的初学者而言，确是具备了足够的震慑力。

在我挣扎着在双脚式C这个动作中勉强把头顶碰到地面的时候，别人轻而易举地就能够让双手碰触到地面，我的头倒立还需要靠墙摇摇晃晃地上去，而别人却可以优雅地从站立跳到手倒立。更不要说我在每次串联前跳后跳时发出的笨重的声音和别人轻盈的身影形成的对比。

每堂课，我基本上只能做完一半的第一序列，然后在其他高手同学们凹着各种二序列奇怪动作的时候默默收拾瑜伽垫走出教室。这个时候，我总有种不自量力误入别人地盘的感觉，好像背后会有无数鄙视的眼光投射过来一般。

这种相形见绌下的压力让我最终放弃了在这个教室的练习。

我和我的瑜伽老师讲起了这段短暂的练习经历。我说，和高手们一起练习压力太大，我无法承受别人鄙视的目光。

她也是阿斯汤珈的练习者。她说，阿斯汤珈是相对严肃的练习。其实每个人在练习的时候都在关注着自身。尤其是高手，他们会更加专注于自我的练习，而不会在练习时分心去观察别人的练习，甚至做出评论。

而我认为的别人的鄙视的目光，只是我自己假想的情况而已。其实，别人都在自己的练习里，哪有人会在意我？

然后她又分享了她自己的经历。她说，作为瑜伽老师，她以前很少在课堂上演示倒立，也不太会在很多人的教室里一起练习时去尝试。当时她的倒立还没有到达很稳定的阶段，偶尔会翻过去。当然即便翻过去，依然可以顺势做个后弯，并非尴尬地无可挽回地砸向地面的局面。她的迟疑，并非害怕这个动作失败本身，而是害怕失败之后别人对她的看法，会不会对她的练习和教学产生怀疑。

她说，有一次不知怎的她就在课堂上演示了一次倒立，然后还真的不小心翻成了轮式。但好像这次失误没有她想象中的那么可怕。即便是失误，依然可以带给学生有用的东西，比如如何在倒立失去平衡时安全地退出，比如即便是老师也会失误，这就是练习这样积极的讯息。她笑着说，其实别人都是很宽容的，你以为的别人的想法，往往是自己给自己设下的局限。

后来我在那个瑜伽馆门口遇到了我的高手同学们。有一个说："好像最近没看到你来。"

我有点羞愧地说："和你们的差距太大，不好意思来。"

她很震惊地说："怎么会？"这位同学每次在我垂死挣扎地做轮式的时候，可以轻松地从站立进出这个体式。我每每在那个时候就有种望尘莫及的无力感，想着她那个时候到底会怎样看待旁边这位笨拙僵硬的练习者。

或许我们都一厢情愿地放大了别人的看法。或许我们以为别人都在目不转睛地盯着我们。而那看法和目光，像一个无形的牢笼一样束缚了我们的行为和思想。但事实是，别人没有那么在意你。你以为的别人的目光和看法，只是自己对自己的判断和投射。你把自己的恐惧放大，然后躲在那个巨大的阴影里畏缩不前。

有时你觉得自己的嗓音不够好而不敢在KTV里放声高歌，听到其他人的荒腔走板却也觉得无所谓。有时你剪了一个失败的发型，觉得简直无脸见人，结果遇到熟人，别人也就是轻描淡写一句，剪头发啦。有时你在路上摔了一个大跟头被人看见，觉得这么愚蠢的事情要如何面对，可是路人大概司空见惯到连扶你一把的兴质都没有。

生活中难免有各种失败，出丑的时刻，而社交媒体的发达让我们产生一种假象，好像这样的失败和出丑会大范围地传播并被众人耻笑，永无翻身之日。但事实是，即便被无关痛痒的人耻笑了一番，这样的局面大概也只会持续很短的一段时间。无论你做了多蠢的事情，都无法长期占据别人的注意力。

更重要的是，这些人的耻笑，对你究竟造成了什么实质性的影响？那可能只是一句完全无意识的话语，一句人云亦云的评论，他或许不了解你，或者虽然了解你但不清楚事情的前因后果。而因为害怕这样的评论，我们却选择了裹足不前。

几年前的冬奥会，关颖珊出现了重大失误。奖牌自然是没有了。第二天的报纸、各大网站刊登的都是那些难堪的摔倒的照片。即便曾经那么完美地完成一个又一个高难度的动作，一次又一次优雅地站在领奖台上，现在却要面对电视里滚动播出的失败的画面，她依然很坦然地说：“很遗憾，但这就是生活。”

比起在成千上万的观众面前带着无数人的期望脸朝地砸向地面这样的场景，我们这些小小的尴尬算不了什么。成熟的运动员大概都已训练出这样一份坦然，无论有多少人在看着你，无论成功还是失败，都不存在别人的目光。你终究是在你自己的生活里。

我们因为害怕别人的目光而不敢做异于常人的事情，不敢去挑战自己，去做自己想做的事情。可是，这些别人在哪里呢？而这目光，源于我们自己对自己的判断，我们的自尊心，竞争心，对于主流价值的认同和渴望，对于失败和落后于人的恐惧和厌弃。其实，哪里有别人的目光呢？

用心细细品味快乐的意义

车子里的音响连续吱吱哑哑了几天，常听的电台音乐都无法播放得顺畅，在每一个唱到动情的高音处都撕啦地断裂出一个不和谐的音节，整个车子里像极了一个年久失修的破工厂。终于在我急速想要超越一辆卡车的时候，这个出产于1996年的老音响，忽然就失掉了全部的音符。我记得它用喑哑的音喉挣扎着最后吐出的，是约翰·列侬那个有关快乐的故事。

主持人在广告的衔接处，用深沉柔美的英伦腔，把这个古老的故事娓娓道来——

当约翰·列侬还是个孩子的时候，他的妈妈经常告诉他，生活的关键是快乐。随着年龄的增长，列侬的一个老师给他布置了一道作业："请写出当你长大后想成为什么。"列侬写道，"快乐。"老师把小列侬的作业返给他并说："我认为你没有明白作业的要求。"而小列侬又把作业送给老师，然后说："我认为你不懂生活。"

我想这个故事我至少听过了五十遍，从第一次听说的惊艳，到最后接连频繁听到的疲惫。课堂上，作文里，聊天中，杂志上，每一处都躲不过它的存在。快乐变成个生了老茧的字眼，出现的次数越多，我们就越发麻木，不肯体会它的存在。我总是以为快乐是最简单的事情，并不常常对它的缺席表达堪忧，可是大概到了成人的年纪，我觉得我才刚刚开始读懂它的重要。

我童年生活的环境十分拘束，爸妈经常争吵，吵到地动山摇，我在两个人的关系中如履薄冰；家人对我的要求很高，近乎苛刻，我读书时要用十二分的努力去弥补先天平凡的智商。我擅自认为，我的那些“不快乐”基因，大多来自于遗传——我的姥爷，患有糖尿病多年，经常窝在阴暗的房屋里抽烟，用高糖的饮食和酒精来和病症挑衅，我没见过他的笑脸，他走后多年我只记得那自暴自弃的眼神；我的妈妈，性格非常急躁，总是迅速对一件事作出判断，继而无止境地担忧，尽管我非常努力做一个好孩子，我的成绩我的生活，也总是能够引来流泪和痛打；我的姨妈姑姑们，也各自都有阴暗的一面，不定期爆发……因此我一直都吸收着来自家庭的负面情绪，是个很难快乐的人，我看世界的态度，异常悲观。

我读书时常常因为试卷上一个不该犯的错误而用笔尖狠狠戳着自己的手心，因为朋友一个无心的玩笑而计较好几天，因为老师的批评整个学期都闷闷不乐；在青春期的时候，我偷偷尝试过两次自杀，一次为了我喜欢的人不喜欢我，一次为了没有人和我说说话，小刀刺伤了胳膊，鲜血从皮肤里渗出来，最后因为太痛而作罢；成年后，我因为A亲近了B，疏远了我而抑郁终日，也会因为男朋友的一句话而胡思乱想，痛哭一整个晚上，本来发展顺利的事情突然出了状况，我就会怨天尤人，“为什么是我而不是别人”……我的性格太坏，永远心事重重，我一度觉得自己一定有精神上的某种疾病，才把正青春的日子过得如此难过。

有一段时间，我深深地意识到这种心态的危害，决定对这样的心态进行自我救治。为了改变这种情绪上的忧虑，我曾经这样做过：我下血本买来一个精致的笔记本，在上面每天记录下来一件令我觉得开心的事情，坚持数天之后，发现失落的时候，打开笔记本就能得到一场拯救。一些平日里发生过容易被忘记的小事情，竟然可以成为令人快乐的小小惊喜。

——某某人请我去她的生日宴，没想到平日里话不多，她一直在默默把我当朋友。

——高英课上老师表扬了我上周写的作文，说我的语法和用词都不错。

——去洗澡，发现体重又轻了两斤。

——有一个男生喜欢我，虽然长得不太好。

——发现一个网站，可以免费学习英文。

我记录下很多平日里被轻易忽略的小事，竟然发现未曾感受过的快乐和感动。原来再悲催的人生，也能够找到快乐的存在。这种把一件件让自己觉得快乐的事情写下来的做法，简单愚蠢，却十分见效，我在不开心的日子里，频频使用，一直觉得有效。

在此后的日子里，我似乎稍稍变得好起来，在遇到麻烦时我丢掉了怨天尤人的想法，而是告诉自己"一定会有解决的办法"，遇到没有随心的事情，也可以安慰自己，"也许这就是最好的结局，不至于成为不再努力的借口"。除了时常潜意识地提醒自己凡事要朝着积极的方向去看，我遇见的一些人，也让我渐渐学习到快乐的能力。

出国后我曾经在一个工厂里和来自各个国家的年轻人一起包装奇异果，每天至少工作十二个小时，单纯的体力劳动，非常辛苦。尽管我们都各自怀抱远大的理想，希望用劳动创造的价值去为自己的未来买单，然而我身边每天都有叫苦连天甩手不干了的人。那时我的朋友中有一位韩国女生，在一群愁眉苦脸的人中间，她乐天派的态度给了我近乎哲学意义的启迪。

我认识韩国姑娘的时候她刚刚丢了钱包，距离下一次发工资还有整一周，她只有四十六块纽币在身上，比我们这些贫苦大众还要穷一个档次。你原本以为她应该是难过的，沮丧的，整天闷闷不乐的，可是那位韩国姑娘偏偏是每日哼着小曲来上班的。她买了好多降价的面包和果酱，午餐时仔细地把果酱涂满硬掉的面包上，那表情和把柠檬汁挤在新鲜生蚝上没有半点的区别。有时同事会关切地询问，“每天吃这个身体可以吗？”韩国姑娘满足地抬起头，一边忙着向别人解释，“啊这个面包不马上吃掉就会过期哦”，一边忍不住调侃自己，“我觉得我现在已经变成草莓味道的啦！”

她总是会在不幸中制造一些快乐，比如她还没有车子的时候，每天早上要迎着黑暗与寒风步行一个半小时去上班，平常人觉得这是辛苦，她却把这当成爱丽丝漫游仙境的体验。她会最早来到工作的地方，用红起来的双手托起一杯不太地道的咖啡，微微凸起的脸颊看得出被风吹过的痕迹，绘声绘色地和你说“警察把我拦下来了，因为我没有走人行横道哦！”说罢调皮地吐着舌头，就像自己是被司机开着大奔接送的千金小姐，而不是一个为了生活要披星戴月的打工少女。

再比如她在单调乏味的工作中，挖掘出一件快乐的事情，就是和各个国家的年轻人聊天。她的英文说起来有一种韩国人特有的生硬味道，听起来有些奇怪，尽管这样也丝毫不影响她和别人的沟通，她经常手舞足蹈的样子让人忍俊不禁。几个月后，她已经和全工厂近百人打成一片，学会了简短的德文，西班牙文，也交到很多志趣相投的朋友，工作结束几个月后竟然和工友一起去东南亚游玩，那些山山水水的照片欢快地刷着我脸书的动态。

我仔细观察过身边的人对于生活的态度，惊讶地发觉快乐在大家的人生中是一个多么不重要的因素，又或者说，大家是多么容易因为生活中烦琐的事情而频频不欢。有人因为自己考砸了的分数而垂头丧气，却殊不知那并不是人生中的最后一次考试；有人因为失恋而郁郁寡欢，却不知道未来还有那么多的美好在等着你；有人因为贫穷而怨天尤人，却不知道你的健康正是很多人都无比羡慕而无法得到的……

我渐渐发现，一个人越成长，他所能成就的多少，就越会与他对生活的态度相关。那些能够从苦难生活中寻找乐趣的人，总是比那种被现实打败的人，会更容易成功。有人说这是一种幸运，我却觉得这是一种选择，你抱着“一切都会好起来”的态度去奋斗，你的人生就一定会和“完了，一切都完了”的结局是不同的。

今年年初我辞掉工作，卖掉家具，把行李打包成一个苍凉的形状，战战兢兢驾车从奥克兰开到陶朗加，又开始了一穷二白四处漂泊的日子。在这样的日子里，我打两份工，几个月都没看见过太阳，住在一户中国人家里，屋子狭小肮脏，除了破旧的床垫，连台灯也不肯提供。

某天我拖着疲惫的身子回到家，坐在床上吃饭的时候，从门缝窜进来一只小小的老鼠，奇怪的是，我并没有流眼泪，更没有蹿起来继而指责生活的残酷。我静静地坐着，惊奇那只弱小生命向往光的力量，我忽然慢慢地变成了一个不那么痛苦的我。

在那个夜晚，看着顺着窗沿流淌到被子上的月光，我又想起了约翰·列侬，开始细细品味快乐的意义。也想起了那个正在周游各国的韩国姑娘，在我们都非常艰难的时刻，她说过这样一句话，“你一定要相信自己，会有更好的未来，那样你才会坦然地接受现在所有的苦难。”她的英文好差，is和are不分，但我还是听懂了她的话。她翻了翻洗旧的背包，递给我一块廉价的软糖，说真的，那是我吃过的最甜的糖果。

以最大的决心和顽强的毅力去克服你的弱点

也许你没有秀美的容颜，更没有聪颖的天资；或许你也没有骄人的学业，更没有出众的才华；又或许……总之，看到别人幸福的微笑便觉得是对自己无情的嘲笑，想到自己渺茫的前途又感到未来十分的迷茫。

自卑是自我挫败的源头。我们很容易因为自身的缺陷而产生自卑的心理，这对于生活、感情、职场都是一种无形的阻碍。我们无法保证自己不犯错误，也不可避免地存在各种弱点和不足，与那些看似成功的人相比，我们有太多理由自卑。如果我们背上自卑的包袱，就会被自己打败，丢掉本来属于自己的幸福。

有一个23岁的女孩，身边有一位成熟稳重、经济条件不错的男人一直密切关注着她——那就是她的钻石王老五上司。她是一个敏感的女生，怎会不知道？然而，由于潜意识里的自卑感在作祟，她总不肯给他表白的机会。她在心里发誓：要做就做他身边最优秀的女人，将其他女人比下去，然后才坦然接受他的爱。

从此以后，她拒绝了他的一切邀请，深居简出，埋头苦读，终于考上了她一直向往的，他曾经就读过的那所著名学府的研究生。当他提出送她去上学时，她婉言谢绝了，她觉得自己不该是一个不谙世事的小丫头，只会读书的小呆子，而应该是一个高分、高能的天之娇女。她要借助任何一次机会锻炼自己，为的是将来能够与他并肩作战，成为他的同行者，而不会自惭形秽。在读研期间，她潜心做学问，又多方锻炼自己的心智，磨炼自己的毅力，如愿以偿地，她变得出类拔萃，导师觉得她不读博士真是浪费。于是，她又花了3年时间读完博士。院里挽留她，并允诺送她出国，而她却无心逗留，想让他看到自己经过这6年时间变得如此优秀的愿望显得那么强烈。她，终于带着美好的期待飞回到他所在的城市。这一次是她主动约的他，她想向他显示自己有足够的能力成为他的帮手；她还想让他意识到她有了做好他太太的完美条件。然而，他与她坐在咖啡屋里还没说几句话，他的手机就响了，他接起来："啊？儿子又发烧了，好，你等着，我这就回去送他去医院。"然后，他略带歉意地对她说："我儿子生病了，我太太很紧张，现在他们很需要我在他们身边，我们以后有空再聊，好吗？"这话如晴天霹雳将她击中，她只剩下机械地点头，机械地回答："好！"除此之外，她还能说什么？做什么？

故事中的女孩由于内心的自卑不愿意接受上司的追求，她固执地以为只有自己足够优秀时，才能够配得上他！然后，她就想尽一切办法要让自己变得更加优秀。然而，当有一天她真的觉得自己足以匹配那个优秀的男人时，才发现幸福早已不在自己的身边。其实，是门当户对的世俗爱情观使得她失去了原本属于自己的东西。优秀固然很重要，可是比起得到幸福来说，就显得微不足道了。

在优秀的追求者面前，我们没有必要自卑，因为爱情与幸福对任何人来说都是平等的。当爱来了，就请勇敢地接受吧，别为世俗的眼光而毁掉自己一生的幸福。有时候，我们真的没有必要刻意地去追求优秀，毕竟优秀只是一个外在的条件，就犹如一个美丽的装饰品，有了自然让人赏心悦目，没有，依然可以快快乐乐地活着。

挫折与坎坷也是生活中的一部分，在复杂的社会中我们经常要面对失败。没有人能够避免和逃脱日常生活中不期而遇的变故。这些变故让我们的处境变得尴尬和艰难。没有闭月羞花之貌，没有经天纬地之才，没有一个富足的出身，相比之下，我们什么也没有，好像只有自卑了。

其实每个人在不同的时期，都会产生不同程度的自卑心理。任何人都无法做到没有一丝缺陷，所以完美主义者更容易产生自卑的情绪。产生自卑的原因有很多，有的人喜欢用过高的标准作为自己的目标，结果使自己永远处于达不到要求的失败地位，导致自卑感的产生；有的人很在意别人对自己的评价和看法，对于别人的贬低往往会产生自卑的心理；有的人错误地把别人对自己的夸奖当作讥讽，那么他们感受到的信息就带有自我否定的倾向性，他们会越发地感到卑微、低下；有的人对于家庭或自己的经济收入及地位感到不满，由于对物质生活和精神生活的攀比也会产生自卑的心理；有的人由于身体的缺陷不能像正常人那样生活也会产生自卑的心理……

你也知道谁都不能随随便便成功，但不能认定自己根本无法成功。你更知道沮丧的困境需要勇气去面对，然而无数次的失败使希望和信心荡然无存——反正你觉得自己是一无是处，一无所有，甚至想一死了之。自卑使你看不到生活的阳光，痛苦地度过一生。

生活是一面镜子，你冲它微笑，它也冲你微笑；你冲它发怒，把它击碎，那么你也只会看到那个支离破碎的自己。面对困境微笑吧，这个微笑不是没有意义的微笑，而是对自己的一种鼓励，一种自信。只有敢于面对生活，敢于面对困境，才能摆脱自卑的骚扰，才能成为命运的掌控者。自己与自己的较量是最残酷的，因为我们面对的不是别人，而是我们自己，只要我们稍不留神，就会被自卑钻了空子。在人生的道路上，成功的人都是战胜了自己的人，而失败的人都是被自己的自卑感给压垮了。

采取积极的自我暗示是避免自卑的一个很好的方法。当你遇到某些情况比较棘手，感到信心不足时，不妨运用激励语言对自己进行暗示：“别人能成功，我也能成功。”同时以勤补拙，针对自己的缺陷，以最大的决心和顽强的毅力去克服这些弱点。

成功可以治愈一切

[1]

初中时的物理老师，在我“学渣”逆袭的初级阶段，给过我重重的一拳。

那次物理考试，100分的试卷，我考了98分，而就在之前的期中考试，我的物理还不及格。所以，他当着全班同学的面，大声质问我，考试抄谁的，并且要求我放学后留下来重新考一次。

考完以后，他不吭声了，没有私下跟我道歉，也没有在全班同学面前澄清。

我恨他。

初三的时候，他调去别的学校，全班同学都去送行，我没去。有同学回来告诉我，汪老师问你怎么没来。

我说，我这辈子都不想见到他。

城市不大，碰面的机会总有，每次看到他准备跟我打招呼，我都低头走开，他戴一副黑框眼镜，我叫他“四眼汪”。

高考结束，拿到录取通知后返校，在校门口碰到他，他叫我的名字，恭喜我考上武汉大学，我竟自然地叫了一声汪老师，停下来与他谈话。

那一天，我忽然发现自己没有那么恨他了。

大学毕业几年后，参加同学会，大家说起当年那些奇葩的老师。一个同学说班主任势利眼，对家庭条件好的同学关心爱护，对家境差的同学讽刺打击。“上个月在路上碰到他，我还想揍他一顿。”我很吃惊，他竟然可以恨一个老师这么多年。

“你为什么不恨汪老师，因为你现在过得不错，犯不着。他还恨老谢，因为他一直过得不太好，人过得不好，总要找点原因吧。”另外一个同学说。

原来，他一直觉得自己没考上大学，现在当工人，是因为班主任对他不关心、不重视造成的。

过得好的人，就不容易记仇，成功的人，更宽容。

这个道理在男女关系的爱恨情仇里，体现得更明显。

什么是对前任最好的复仇，就是你过得比他好。

当你过得比他好时，眼睛是向前看的，根本没心思去复仇了，相反，你会想起他的好，想起你们在一起时的那些笑，想起你们的分手，其实并非一个人的负心，而是两个人的错失。你甚至会同情他过得没你好，庆幸自己离开了他。

这世界上，谁又比谁境界高？所谓大度，所谓宽容平和，是你站得比对方高才容易做到的。

某上市公司老总在公司上市的时候，特意给前女友留了个位置，邀请她来观摩敲钟，并且分原始股给她。

前女友特别优秀，当年他落魄的时候，人家没看上他。上市不忘前女友，相逢一笑值千金，肯定不是因为爱。

分手后的不忘，可能有怨恨的成分。但因为我站得比你高，就可以用更高级的方式表达不满。你当年嫌我是穷小子，现在我是霸道总裁，我没必要恨你，更不必声讨，我现在这个样子，站在你面前，你就明白自己当初错了。

不介意，是因为曾经有过介意。如果当初没有介意，现在也不必故作洒脱说没关系。

[2]

听过一场青年才俊的演讲，他在演讲中提到某娱乐公司经理。

青年才俊做小职员时，因为一次小小的疏忽，得罪了这位经理，后来他人生开挂，搞定了很多资源，这家公司却永远将他拒之门外。僵局最终打破，还是因为这位经理离职。

青年才俊拿出这个例子，不是想说明经理小心眼，而是告诫年轻人，在工作中，任何微小的失误，都可能让你付出惨重的代价。

他说，感谢这位经理，让他明白了这个道理。

我从不主张感谢那些曾经伤害我们的人，然而，如果真能做到感谢他们，也是人生渐入佳境，因为一定是你现在过得比他好，或者至少差不多。

[3]

弱者最容易怨恨。过得不好，又不愿意承认是自己的原因，要归因于别人，没有比那些曾经伤害过他们的人更适合拉出来顶包的。

过得好的人，没时间关注别人的生活，也没精力沉浸于过去的伤害，过得好的人，过去的所有经历于他而言都是有意义的，即使是伤疤，也是为了提醒他，远离容易伤害你的人，不要在同一个地方跌倒两次。

暗夜里的自怜、怨恨只会让伤疤更痛，迎着风大步走，伤疤才会成为你生命的一部分，甚至旗帜，而那些伤害过你的人，也不过是你人生的过客，是被你抛在身后的风景。所以，如果你问我，怎样才能放下对过去某人某事的怨恨，我会大声告诉你，让自己过得更好吧！让成功治愈一切。

你的努力与他人无关

前路漫漫，可出路只有一条，无论你多么害怕、多么孤独，只要不再遗憾过，都要一步一个脚印地走下去。

[1]

某个黄昏的时刻，朋友槐花发消息给我："我看了你写的文了，感觉你现在特别正能量；我努力不下去就该看看你，有人比我更优秀更努力。"

这条消息几天来一直在我脑海中翻来覆去地出现；于是，当它伴随着某个黄昏觉睡醒时的失望与悲伤再次袭来时，我忍不住打开手机点进了信息栏。

是长长的对话：

我告诉槐花："我又焦虑了。"

她回复了我一大段文字：

"焦虑也比麻痹好，对自己不喜欢的生活产生了麻痹的状态，真的太可怕了，就像井底之蛙。麻痹了，不喜欢也无法改变，意识了还是碌碌无为，因为人总是习惯了习惯。"

"大概是我找不到对手吧，"她说，"大家都那么闲散！我一星期做一套题，而她们，要么不做，要么恨不得一个月一套，说是没时间，其实看综艺节目的时间总是有。"

“我背扇贝，背知米，最多的时候，一天三个app轮着背，寝室都准备睡的时候，我说等一会，一会我关灯，她们问我干什么，我只说在忙，因为没人会在意，只会觉得你太较真。我用知米半年之后用了扇贝，都是背着睡着了，到现在快400天了，断过三天，每次都觉得比丢了一百块还难受。如你所说，我确实是害怕那种努力了还没成果的感觉，害怕别人随随便便就那么优秀。

“可是小白，总有些人，你努力还得不到的，他唾手可得。”

对话是到此戛然而止的，我沉默了良久。

我想要否认她，说她只是害怕失败，而所有的所有都是在自我设限；我想要告诉她，说事情根本没有想象中那么难，她需要的只是迈出开始的第一步；我想要鼓励她，说要相信，一旦下定决心，全世界都会为她让道。

可输入了的一段又一段文字都被我一次又一次无情删除，我必须承认我的内心是认同的，认同她所说的那句话：

“总有些人，你努力还得不到的，他唾手可得。”

可是，槐花，你说你给身边的人都推荐过背单词的软件，有人背了一百多天，有人背了二百天，也有人不了了之。现在剩下的，只有你了。

那么，若你真的麻痹了，为何还没放弃？

还不是因为我们都渴望蜕变，只是那对于我们都不简单，都是在不断努力的路上。

[2]

总是掉进回忆。

那个高中骑自行车上学的时代，冬日早晨都是挎着满满的寒气与黑暗。北环的两条笔直绿化带，生生隔断了家与学校间的最短距离，这让我不得不绕行一个“大转盘”。

准备高考的那段岁月，为了节省时间，我会推着自行车穿过石桥底下一条铺满各应石子的小路到达马路对面；触目黑暗，没有灯光，就把手机屏幕亮度调到最大。

那座石桥下睡着些来自各个地方打工的人，行走在草地与坡路之间总是有些提心吊胆。

记得有一次，在搬自行车跨越小坑时突然感到身后树丛里的动静，我慌忙打上灯，光线微弱却清晰地看到一个正笔直面对着的男人身影。顾不上颠簸的野径，我拼了命蹬上脚踏车飞快得连穿越两条街道，气喘吁吁。

很恐惧，那种恐惧，以至于即便之后，我明白过来那只是一个正在如厕的民工，好长时间，还是宁愿多骑行一大程远路，去忍受更长的黑暗与寒冷。

那条漫漫了无人迹的长路，给本就灰暗的高三又滋生了多少压抑与孤寂。

但是，当你的内心充满对自己未来生活无与伦比的期望与想象，那么即使你陷入无尽的深渊，你也会充满勇气与担当的为自己寻找到乃至创造出求救的信号。

我是数着日子的，一天一天，直到某一日的早晨，像奇迹一样，我猛然发现一颗如同瑰丽宝石挂在天空的星星几乎每天都能陪着我上学、明亮闪动。

我让它的存在恰到好处，让它散发于我内心的光芒，比钻石、水晶还要清澈与美丽，然后被注入了勇气与信念。

没有人能够想象，我高三的早晨，是一颗星星陪伴支撑我度过的。

[3]

天分不足总是要后天来补，不过没关系，即使追赶不上别人的步伐，也要能超越昨天的自己。

高一时一次月考，我数学总分18，发卷子时，一串笑声也跟上来，“在答题卡上踩个脚印也比这分数高啊。”

等到高三模拟考，数学成绩年级第一是117，我也117。

同学问我：“你是怎么学的呢？”

我告诉他：“你可以试试一沓的错题本。”

高二时，我亲耳听到最喜欢的数学老师对班主任说：“小白这孩子，好高骛远，除了比别人勤奋那么一点，天资真不够好，笨，上个二本就不错了。”

等到高考，省上给学校配了两个奖学金名额，我就是其中之一，作为唯一一个非体育特长生单以文化课成绩考入一本大学的文科学生。学校让我做演讲，我拒绝了。

很简单，我只是不想在众目睽睽之下矫情的打感情牌，我怕我用了会哭着说出来我付出了多少努力，顶了多少压力，又靠精神饮食复发了多少次神经性慢性病的动情画面，只是为了给某些人打上一针还没有镇静剂药效时间长的“鸡血”，我不愿把我的勤奋编成励志故事。

这世上大多数人都只会在你成功后问你怎样做到，却有很少人能看到并理解在其过程中你默默付出的样子。

如果真的让我讲述，我只能说：“如果你有一件很想做的事情，那么千军万马般的困难也无法阻挠你，同样的，如果你不想去做一件事情的话，你也会找到千百种的借口为自己开脱。”

所以，如果你真的坚定了理想，

你就不会让开端左右了结局，你会付出实际行动，让缺陷带来突破。

[4]

还是那个学日语认识的橙姐，她的本科是个三本院校，同时她还是个穷光蛋。这意味着她选择了考研后，会面临比一般考研生还要大的压力——她没钱报辅导班，没钱买更多的资料与信息，甚至连她几份兼职赚的钱也仅勉强填补自己的学费与生活费。

可她还是义无反顾的大步地往前走向了考研路，只是为了登上一个更高的平台，接触更优秀的人，她实在不想当井底之蛙了。

橙姐从来没有考过很好的成绩，也没拿过奖学金，班级排名甚至都不曾进前十名。

她的志向没有告诉任何人，正如任何人都会觉得以她的资质不可能实现什么“雄心壮志”虽然橙姐的确会担心别人的闲言碎语与冷嘲热讽，但在她收起豪言壮语的同时，也隐匿了懦弱懒惰。

她只是想更加专注的追求当下那一刻她想要的东西，然后没有任何负担地去为实现这种可能创造出更多的方法与路径。

她想要变优秀的决心已经深入骨髓。

我不想在此论述橙姐是如何积攒力量默默前行的，总之，结果是，橙姐考入了交大研究生院，又在三年后成了另一所“985”的在读博士。

她真的依靠了自己的努力坚持决定了自己的意识走向，而在这过程中，她并没有要求任何人与之感同身受；她不逃避孤独，也不抱怨世界，她承认没有人会在乎她想要的生活，所以她始终独自默默地追求目标，完成每一阶段的自己，她从不抛弃希望，所以最终希望也没有抛弃她。

有一句话说得好，对于别人的鄙夷与冷漠，你气愤是因为你无能为力。

还有一句话说得也好，“所谓梦想，是永不停息的疯狂。”

那么一旦你选择了难以实现的愿望，可你仍然愿意奋斗的道路，它就是你的心之所在。剩下的，你只需要相信你能够坚持下来，然后默默努力，即使没有达到期望，这个过程也总不可能一无所获，最起码你不再是原地踏步了，要知道，不进则退。

最后，共勉我高三最喜欢的一段话：

“每个优秀的人，都有一段沉默的时光，那段时光，是付出了很多努力，忍受孤独和寂寞，不抱怨不诉苦，日后说起时，连自己都能被感动的日子。”

那么，“一个人走过烈日暴雨，路还长，终有一天，你会变成你曾经期待的模样。”

在开始和结束之间，过好你的一生

[死亡你好]

首先要感谢你很勇敢地读这篇文章，你能来阅读，说明你已经比很多人勇敢了。今天想跟你讨论死亡，不仅仅因为它是我们每个人共同的归宿，更因为我们一直以来对它的回避，让我们没有好好活着。

[我们总以一种“我不会死”的方式活着]

我不知道怎么去形容这件事情，因为我自己就干过很多这样的事情—通宵看美剧或者韩剧，跟老妈对着干并且持续很久，通宵唱歌，吃自助吃到要扶墙出来，发着烧去海边游泳，因为一点点小事生气或者是难过很久（超过一天）……

我们总觉得死亡或者是变老这样的事情是那么的遥不可及，就像我18岁的时候觉得30岁“简直太老了”，可转眼我已经快29岁了，我终于成了自己眼中那类“简直太老了”的人。所以如今当我走在路上，看到满头银丝的老人家其实感觉特别羡慕，因为他们都活了这么久，比这个世界上的很多人都要幸运得多。我也不再告诉自己说：我离他们还有很长的距离，因为我所有的经历告诉我，时间的脚步比我们想象的要快得多。

当然以这种“我不会死”的方式活着，最可怕的结果，是让住在我们心中“享乐主义”或者“虚无主义”的恶魔控制我们的行为。享乐主义（hedonism）是指我们不顾及未来可能的后果，只考虑当下的快感和即时的满足（instantgratification）的一种行为取向。比如很多有烟瘾的人其实都很清楚吸烟对身体造成的危害，但就在烟瘾发作的那一瞬间，平复身体的渴望和浑身不舒服的感受成为驱动他们行为的动力，很多人就忘记了它所有的伤害。

几乎所有不良的生活习惯都跟我们的享乐主义有关：比如暴饮暴食并且吃饭油腻。因为生物进化的本能导致我们会更喜欢热量高的东西并且尽可能让它储存在我们的身体里，所以我们进化出了对甜食和高热量食物的一种非常愉悦的体验。因为我们不考虑自己“会死”这件事情，所以现在的愉悦体验才是最重要的，那就来一份炸冰淇淋+炸薯条+牛排汉堡吧！

当然还有更可怕的，因为我们总觉得那一天离我们遥遥无期，所以我们“总会有时间”可以学会去爱与被爱，或者“总会有一天”可以成为自己，或者“总有机会”去追求自己最热爱的东西。但那个时间不是现在，因为现在去学会爱别人多让人害怕，万一被拒绝被伤害呢？现在去成为自己，万一不被认同不被肯定怎么办，多可怕？现在去追求自己最热爱的事业，万一失败万一很丢人万一被嘲笑怎么办，太吓人了！

这就是我们今天不会花时间给父母打电话的，然后尽自己最大可能的去聆听他们的每一句的原因，因为我们可以明天，下个月，或者明年去打电话和倾听；这就是今天早上你的孩子跟你说：“爸爸，今天能早点回家跟我和妈妈一起吃饭吗？”，你想都没想就回答：“不行啊，加班”的原因，因为你总可以明天，下个月或者明年陪他们吃饭；这就是你今天不去运动，阅读，做自己最喜欢的事情的原因，因为你总可以明天，下个月或者明年去做……

直到有一天你发现父母去世了，该说的该做的好像你都还没有来得及；

孩子长大了，但你永远都无法走进她的内心世界，因为她最需要你的时候，你都不在；你大肚翩翩，被医院诊断为高血脂、高血压并伴随着很多其他慢性疾病；你想去追求梦想，你想跳舞去成为舞蹈家，可惜身体已经无法配合你了。

我们今天不去做所有对我们来说最重要的事情，都是因为我们觉得我们还有明天，下个月，明年甚至是永远……这就是觉得自己可以永生的我们！

我们不仅不想去思考死亡这件事情，我们还想尽各种办法来逃避它，不信可以跟你细数一下我们对逃避死亡的4种方式。

[对死亡的恐惧和逃避]

有400多项非常有趣的实验表明：如果我们被提醒自己会死，我们就会立刻启动任何让我们觉得自己不会死去的逃避机制。有一个实验做了这样一件有趣的事情：他们把参与者分成两组，所有这些人都是不可知论者（agnostics），也就是说他们不确定自己是否信仰宗教。然后其中一组人被提醒去思考他们的死亡，而另一组人被要求去思考孤独。结果发现，被提醒死亡的那一组在实验结束后，相信基督或者耶稣的存在的可能性（因为实验是在美国做的，主流信仰是基督或者天主教），是被提醒孤独的那一组的2倍！

被提醒了自己会死，就让我们更可能去用任何方式相信自己不会死。哲学家StephenCave在他的那本叫作《永生》的书里，提出了纵观人类历史，我们用的4种逃避对死亡的恐惧然后让自己永生的方式。

1.科学可以让我们永生。

在人类历史上很早就有对长生不老药有研究。中国古代皇帝们对炼丹术的迷恋，就可以很好地说明这一点。而且不仅仅在中国，在古希腊，古罗马，古埃及，等等地方，都有对于长生不老药的记载。

长生不老药在现代社会又找到了它的现代科学版本，20世纪荷尔蒙被发现，我们就寄希望于荷尔蒙治疗让自己长生不老。现在，我们又把希望放在了干细胞（stemcells）、基因工程、纳米技术上，希望通过这些技术让自己长生不老。

可问题是我们发现这个方法不保险，因为不管是科学或者是其他的方式，研究长生不老药的人都有一个共同特点：他们自己也都死了。所以我们开始寻找其他方式。

2.重生（resurrection）。

我们让自己“永生”的另一种方式就是重生。我们告诉自己：我相信我会死，但是没有关系，我可以重生，就像耶稣一样。现代科学同样也让我们相信自己可以重生，比如人体冷冻技术——我们相信，在未来的某个时刻，我们可以做到先把自己冷冻起来，然后在未来被解冻并且重生。

当然这个方式也不能令人满意，毕竟这个解冻身体或者在墓地里爬出来的场面更像是一部糟糕的僵尸电影。于是我们又有了另一种逃避死亡的工具：灵魂。

3.灵魂（soul）。

很多人都相信灵魂的存在，而且灵魂这个概念几乎存在于所有的宗教系统里，不管是佛教、基督教或者是犹太教和伊斯兰教。我们相信我们的灵魂会脱离我们的内体而存在，并等待转世和重生的机会。

现在流传版本的灵魂，是我们可以把自己所有的思想，也就是你的灵魂，上传到电脑里，然后以程序的形式活在以太的世界里。如果你看过电影超能查派，就知道里面的机器人查派，就是通过上传“灵魂”，救活了自己的发明者和它的“妈妈”。

可是还是有人会怀疑这个理论，因为神经科学发现，我们所谓的“灵魂”，不过是一个我们叫作“大脑”的东西在正常运转时产生的想法和情感。那怎么办呢，于是我们又发明了第四种让自己可以“永生”的方式。

4. 传说（legacy）或者遗产。

我们希望自己死后可以留下点什么，文艺一点说就是“留下我们在这个世界上存在过的足迹”。于是我们追求声誉和名望，希望自己可以成为孔子或者是苏格拉底那样，流芳千古。或者我们仅仅是留下自己的孩子，感觉自己在一个家族的长河中留下了自己的基因或者足迹。

我们对死亡的恐惧让我们以各种不同的版本告诉自己，去相信这4种可以永生的方式，虽然都有证据表明没有一个版本是可以相信的。

最可怕的是，我们对于死亡的恐惧，或者说对能让自己永生的方式的探索，有时会让我们做出非常不明智的人生选择。因为你相信来世，此生的某些东西好像就可以放弃，比如放弃家人和父母去为了“来世”修行。当然我没有对有精神追求的人有任何质疑，只是当我们可以在此生，也是我们真正唯一的一生中，去陪伴我们的伴侣、孩子和父母，并在其中学会爱与被爱的时候，为什么还要等到“来世”？

当我们选择用给这个世界留下“遗产”的方式让自己“永垂不朽”的时候，我们又陷入了另一个怪圈——追名逐利，追求影响力。对名誉或者影响力的追求，很多时候会让我们偏离航向，远离对自己最重要的东西。举个最简单的例子，你选择出国读研或者读博，是会选择一个真正跟自己感兴趣的方向最契合的导师，还是会选择一个“牌子”更响亮的大学或者学院？一个是为了深入研究自己真正热爱的东西，一个更多的是为了出来之后可以更好地“宣传”自己。

那么现在问题就出现了：我们是不是注定要生活在对死亡的恐惧和逃避中呢？

就像希腊哲学家Epicurus说：“对死亡的恐惧是很自然但又非常不理智的事情。因为我们在的时候，死亡不在；而当死亡在的时候，我们不在。”所以我们活着不应该是为了死亡。正如StephenCave所说，我们可以把自己的生命看作是一本书：书有开篇和结尾，而书中的人物并没有因为我们会把这本书读完而恐惧。

如果说生命也是一本书，那么我们唯一要做的，就是在开始和结束之间，写一个好故事。

别对那些重要的人和事选择了无视

当我觉醒后，我才发现，世间最可怕的人，不是小人，也不是坏人，而是无明的人。

我有位女性朋友，才结婚几个月就离婚，原因是她不想看别人的脸色过生活。她说，婚后先生就去上班，算是高收入的主管阶级，她在家闲着无聊，偶尔去逛街购物刷卡，也不过十几万元，她先生看了刷卡单，说要限制她的额度，她一气之下，就把卡丢到先生脸上，说自己要去上班赚钱，然后自己去办卡，去购物，去过自己的生活，再也不要看人家脸色。

我问她先生一个月的薪水多少？她很得意地说不多，大约只有十万元。

我听了她的回答，内心开始为她的人生感到遗憾。

因为，从客观的角度来看，她的先生不是个小气的坏蛋，而且也应该是个能包容的人；相对的，她的冲动，反而是结束两人缘分的关键。

尤其，当一个男人当到了主管级，虽然赚的钱不算少，但工作的压力想必也是很大的，相信他也是怕老婆担心，才没有让她知道工作上的辛苦，结果，她反而不知惜福，还觉得他的薪水太少。

像她这种活在“无明”中的人，老实说，我们身边就一大堆。

我的邻居是一位老实人，但自从被公司裁员失业后，就一直意志消沉，赋闲在家。他们家的每月开销，包括房贷和小孩子的学费，都由他老婆在餐厅当会计，一肩扛起来。

虽然大家都很热心，帮这位邻居介绍工作，但他总是没做几天，就不去上班。后来，他开始去和人家赌博，一开始小赚一点钱，后来一输再输，连孩子的学费和生活费，也都拿去赌。

因此，我经常可以在半夜，听到他们夫妻在吵架。后来，两人吵到门外，惊动里长，这位失业的邻居还请里长和我们这些住户来评评理。

他的意思是，他也是为这个家好，才会想去翻本，并不是他爱赌，而且他已经摸到赌钱的秘诀，只要再给他一点赌本，他会赢很多钱回来养家。

然而，他老婆却哭着说，家里的钱早就被拿光了，现在身上的一点钱，也是去娘家借来的，再拿走，小孩子要吃什么？

里长和住户们听了，就说是邻居不对，邻居一气之下离家出走。

后来，听说他欠了地下钱庄很多钱，从此就没有再回到这个家。

无知，人皆有之，只要你承认自己的无知，并不会危害他人。

然而，无明就是很恐怖的东西。

古人说，知人者智，自知者明。

所谓的无明，是你没有觉察自己是无知的，甚至相信自己是对的，听不进去别人的苦劝，而且还把自己的妄想付诸行动，害人害己。

因此，无明的人，是最可怕的，尤其这个人，是你的亲人或有共同利害关系的人。

据说，我老家乡下有一位大地主，生了三个女儿，这三个姐妹感情非常好，即使上学或回家读书和睡觉，都在一起，不愿分开，在乡里间成为佳话。

然而，三姐妹长大各自嫁人后，大姐和二姐两家人仍是住在一起，感情和以前一样好，只是小妹嫁到远地，嫁给了一个生意人。

过没几年，小妹的先生似乎生意不顺，负债累累。有一天，小妹回家来，要求父母提前把家产分一分，父母听了差点昏倒，大姐二姐也骂小妹不孝，但小妹又哭又闹说自己本来就应该拿家产，现在她缺钱，提前拿有什么不对？

父母拗不过她，最后答应把家里的田产和不动产，分了三份。

小妹又哭闹起来，说应该分成四份，她拿两份，因为大姐二姐都没有负债，先生又都有赚钱和积蓄，她的老公负债累累，难道全家人都对她见死不救？不怕她老来没有依靠？

大姐二姐听了很难过，她们并非在意那些家产，而是心寒小妹何时变得如此现实自私，又不讲道理。

然而，小妹仗着父母宠爱她，哭闹之外又绝食抗议，大家只好依了她。

小妹拿走了家产后，大姐二姐也开始疏远她，渐渐的和她形同陌路，可以说，她为了家产，斩断了和家人的缘分。

人与人之间的缘分，是深或浅，长或短，是否会变成善缘或恶缘，全由无明的一方决定。

我的一位高中同学，是经营健康食品的。

有一天，他来找我借钱，说周转上有急用。我为了减轻他的心理负担，就说干脆买他的健康食品来吃，让他有收入。

然而，他似乎以为我很有钱，每隔几天，又抱一堆新的产品，来向我说明，说吃了对身体哪里很好，很有帮助。我心想他可能又缺钱，于是又向他买了一堆。同时，向他暗示，我自己的收入也不高，而且家里的健康食品，也已经堆成一座山了，几年也吃不完，可以暂时不要进货了。

他笑着说他懂这道理，我心想他应有自知之明，不会再来了。

想不到，才隔了一个礼拜，他又抱一堆什么国外最新进口的产品，硬要我买下，而且为了感谢我的支持，除了再打折外，钱可以先欠着，等我日后手头方便，再来向我收。

我听了，心里为他感到遗憾。我很清楚，这一次，我跟他的缘分真的尽了。

我开门见山地告诉他，不应该把我当呆子，把我的真心帮忙，看成是冤大头。

他听了气得涨红着脸，胡言乱语把我数落一顿就走了。从此，两人没有再联络。

人跟人，是否能做朋友，或是成为仇家，不是靠缘分，往往是由无明的一方决定的。

如果你在人际关系上，也有和我同样的感慨和无奈，就先让自己保持觉知吧！或许，在某些人眼里，我们就是那个“无明的人”。

靠谱的人更容易找到成功

[喜欢是靠不住的]

许多人，在人际交往中会无意识地强求别人的喜欢。所以他们的精力经常放在如何提高情商上，喜欢猜测对方的喜好，照顾别人的情绪，每天出门前照镜子：我这样得体吗？可爱吗？别人会喜欢我吗？

这种人际交往方式，成本很高。

因为“喜欢”是一种感觉，一万个人有一万种感觉，你必须让自己适应不同的人、不同的感觉，在每个人身上花费不一样的心思。并且最终，他们喜欢的，可能也并不是你这个人，而是你在他们身上花的心思。

我有一个合伙人，人品好，执行能力强，最近我才知道，很多人都来挖过她，并且来挖她的，都跟她私交不错。

自认与她关系好，她们想当然地觉得温情牌有用。今天从国外给她带个包；明天送她一盒自己包的饺子；后天又拿一堆韩国护肤品的小样给她。

我很好奇，为什么她选择了我，因为我们其实看上去没那么亲密。“因为只有你明确告诉我做什么、怎样做，赢利目标，以及超出目标后，我可以得到什么。你的专业素养让我信赖。”

所谓专业素养，就是靠谱吧。

[靠谱，我才愿意和你在一起]

我想起另外一件事。有一个我不怎么喜欢的姑娘，阴差阳错地与我一起出门旅行。

在高铁上，我抱怨车厢里熊孩子太多，很吵，睡不着。她立刻耿直地说："这有什么？"迅速递给我一个小袋子，里面装着一副发热眼罩与两只防噪音耳塞，是她的出门必备。

从此，这两件宝物也成了我的旅行必备。

那一路，我对她"黑转粉"。她是我见过的最懂生活的人，凡事安排得井井有条，跟她旅行过一次，你会发现过去的所有旅行都是将就。与她一路上带给我们的靠谱、安稳相比，她性格的缺陷根本不是事儿。

她不关注别人喜不喜欢她，全部的精力都用在钻研如何花很少的钱，过很有品质的生活上，她成了这方面的专家，身边从来不缺朋友。对于绝大多数没有天生长着一副可爱脸的姑娘，成为一个做事靠谱的人，是成本。

最小的人际交往方式，同时风险最小。

[与聪明人聊天，同靠谱人做事]

有些人，很讨人喜欢，但不能深交，尤其不能共事。刚认识，你觉得天呐，怎么有这么可爱的人，几件事情过后，就成了这样，怎么有这么不靠谱的人。

可爱是他们的通行证，得到好感太容易，往往就忽视了专业魅力的培养。

"与聪明的人聊天，与靠谱的人做事"。能因为喜欢你，而容忍你的不靠谱的人，是一双手就能数过来的至亲好友。

人际交往非常现实，人们关注的不是你是谁，而是你能给我什么。你不必为了他人而改变自己，但你也不能一无所有。

[这是一个趋利又公平的时代]

你不是人民币，不可能人人都喜欢，何况今天喜欢你的朋友，明天可能因为一件小事与你反目。

单纯的情感维系需要投入很高的成本，却稳定性很差。温情、友好、善良，不仅很容易被取代，也很容易因为一件小事的不够周全，而前功尽弃。

我们对于温顺的好人总会更加挑剔。就像对于仅仅只有美貌的人，很容易失望，所谓“色衰而爱弛”，你是美女，怎么可以有皱纹！

在人际交往中遇挫的人，最重要的不是提高情商，而是提高专业能力以及在某一个领域的不可替代性。即使你是一个跑龙套的，也拜托不要迟到，不要演个死人还眨眼睛。

这是专业为王的时代，对你无感的人，可能因为你煮了一只时间精确到秒的美味温泉蛋，而愿意跟你一起玩。

这是趋利而又公平的时代，挑剔的人可能因为你每件小事都做得靠谱而选择与你合作。

[你不喜欢我，又想跟我做朋友]

约会从来不迟到；AA制从来不拖延支付；答应别人的事，付出百分之百的努力去做；拥有专业技能可以帮助别人，以上种种，都能为你带来很多真朋友、好合作。

除了喜欢你的人，会跟你做朋友，尊重你的人，也会跟你做朋友。前者很难把控，基本靠命，后者是我们依靠努力可以达到的。不要总拿情商说事儿，你看小区花园里的小保姆，都是每天不重样地分享家务小窍门的那个，最受欢迎。

比“你不喜欢我，又打不死我”更牛的是，你不喜欢我，又想跟我做朋友，因为喜欢的人易寻，靠谱的人难找。

用自己喜欢的方式过一生

据说这世上只有一种成功，叫：“用自己喜欢的方式过一生”。

闺蜜的公司有位很励志的惠子姐姐，我最近刚听来的故事。

2000年，惠子还是个才毕业没多久的油画系师范生，因为不想做老师，所以去了深圳打拼。她做过销售，买过房子，在打印店打过工……后来听朋友爸爸说，北京的机会比较多，于是毅然只身北上。

2007年的时候，她在北京买了自己的第一套小房子。而时隔15年的现在，她已经拥有了自己的家庭，自己的大房子，也拥有了自己的事业——自己的设计公司。

我问她，你这么努力，动力是什么？是因为家庭有压力，还是自己天生就这样？

她说，其实自己算是个在蜜罐里长大的小孩。从大学开始，她就一直马不停蹄地实习、工作、进修、找各种各样的兼职，从来没停过，完全是自己与生俱来的本能。

每过两到三年，她就会问自己一个问题：再过几年，我会过着怎样的生活？

另一位朋友拉面姐——因为我们是和朋友一起吃拉面的时候认识的。

我们认识的时候，她早就已经毕业了，但一直没有找正式的工作。她在学校附近的小区租了一个小房子，平常就跟着老同学做做项目，或者给出版社画插画。我去过她住的地方，那里有电脑，有手绘板，有扫描仪，还有各种各样好玩的小东西。

我一直以为那只是她暂时的状态，因为我从小到大受到的教育，都是要追求“稳定”的生活，毕业不找工作？别开玩笑了。

认识她好几年之后，某天突然想起她来，我和当初介绍我们认识的朋友提起她的情况，朋友说：“她还不是那样，自己在家接活干咯。”

我很惊讶地问：“她为什么不找工作呀？”

“不喜欢呗，她以前也上过班，但是坐几天班就受不了了，所以就自己在家接活儿干咯。”

现在算算，我已经认识她也五年有余了，这五年里，她一直以自己喜欢的方式，在北京那个大大的城市过着她自由自在的小日子，没有人觉得她过得不快乐。

我认识不少这样的人，虽然他们在不同的城市，从事着不同的职业，各有各的生活方式，但有一点是相同的——他们都选择用自己最喜欢的方式，过自己的生活。

为了开花店而从电视台辞职的朋友；为了玩电商离开银行自己开网店的朋友；为了完成自己的艺术家梦想离开教师岗位的朋友；为了去做会计从零开始学习的朋友……

我曾经问一位为了自己创业而辞掉高薪工作的人，为什么这样选择。他告诉我，因为他发现，那些所谓很牛的名校或是高学历的头衔、那些别人因为你有很牛的工作而羡慕的目光，还有父母向他人炫耀自己时眼睛里自豪的神情，都比不过自己完成一件真正热爱的事情之后，所获得的快感更能让他感到幸福。

据说人生怎么样都免不了有遗憾，因为每一次选择，都是一次放弃。

但如果，我们每一次选择，都向着自己最想要的生活前进了一小步呢？

我常常觉得自己是一个非常幸运的人，因为在我20多年有限的人生中，完成了许多自己想要实现的小梦想，还能结识这么多，为了自己的梦想而努力奋斗的、优秀的朋友们。

虽然每个人的梦想都不尽相同，但每个人都有选择自己生活方式的权利。只要你勇敢尝试，只要你不愿放弃，相信我们每个人，都可以用自己喜欢的方式过完这一生。

与其一辈子对自己的现状诸多不满，不如就在还在输得起的年纪，任性一回。

即使不能万事如意，至少还可以在追梦的道路上，做好最充分的准备和最坏的打算，以这样的姿态，去迎接自己最想要的生活。

频道对了，遇见才对

[1]

某个阳光明媚的下午，一个软妹子歪着头，困惑地对我说："我见过很多优秀的男人和女人，他们把自己修炼得那么好，为什么找不到相爱的人一直单身呢？"

她的话让我想起我还是个软妹子的年代，遇到的那些优秀却单身的男女。

大学里，我们话剧社美女如云，最好看的学姐却一直单着，不是没人追的剩下，而是被一个在我们看来帅炸天的学长猛烈追求却自动屏蔽。学长不仅颜值高，穿衣还特别有品，不像同龄男生大多一副没长开的样子，他往女生宿舍楼前一站，很多姑娘的眼神就自带荧光棒，可是，送花送水折腾大半年，学姐依旧不为所动，学长只好偃旗息鼓。

有一次，排练完了，我好奇地问学姐："你为什么不和那么帅的学长在一起？"

她一边换鞋一边不屑地说："我最讨厌男生把时间都花在穿衣打扮上，头发梳得苍蝇拄着拐杖都爬不上去，有意思吗？我从来只喜欢学霸，不喜欢帅哥。"

我心里替学长哭半天，一腔热血用错人，如果他追求的是外貌党女生，对方早就感动得哭天抹泪投怀送抱了吧，可惜，在一个自己就很好看的人面前，美貌压根不是稀缺资源，他的优势打动不了她。

学姐后来的恋爱对象，是我们学校对面中国科学技术大学机械工程专业的黄冈地区理科状元——黄冈的状元啊，那个年代谁没有被黄冈试卷折腾到想罢考的经历？所以，对方是个名副其实的学霸，样貌平淡无奇，标配了一副眼镜，总是夹着一本书，来去匆匆沉默寡言。但学姐看他的眼神就像仰望男神，毕业后，两人双宿双栖去了德国，现在，她是两个孩子的妈妈。

[2]

“当我足够好，才会遇见你”是情感定律之一，却不是唯一。

还有一种感情叫：纵然你再好，也是我不要。

爱情是世界上最无法计算投入产出比的关系，也是最无法用条件“好”与“不好”来衡量的关系，每一对看上去不搭调却愉快生活的伴侣，心里都有不为人知的一杆秤，对方是唯一的、沉甸甸的秤砣；而每两个看上去和谐却无法靠近的男女，都有各自独立的评价体系，那个貌似正确的人在这个隐秘系统中总是拿不到高分。

你觉得郎才女貌，我却认为你的智商和我根本不在同一个水平线上；你觉得门当户对，我偏偏喜欢不靠家底自己奋斗脱颖而出的男人；你觉得琴瑟和谐，我却不能忍受你爱摇滚我喜欢古典音乐；你觉得你是温柔暖女，抱歉，烫到我了，我只爱独立自强能照顾好自己的女人。

你给的，不是我想要的。

你有的，不是我需要的。

你的优秀和我需求不匹配。

[3]

蒋经国曾经爱上戏曲名伶顾正秋，为了追求她，他情愿做个超级粉丝，不仅在永乐戏院包下VIP专座，更是每出戏结束都会以款待剧院的名义设宴招待，甚至，他认真动了离婚娶她的念头，可是，顾正秋完全不为所动，她嫁给大自己17岁的台湾财政厅长任显群。

新婚不久，任显群即被以“明知为匪谍而不告密”的理由判处有期徒刑七年，被囚禁期间，蒋经国派人把顾正秋“绑架”到饭桌上，她不着一语，不收任何礼物，甚至，这个台上风光无限的女人，变卖了华服首饰，沉默地过起幽居生活，只在每个探监的日子风雨无阻去监狱看望丈夫，除了为他送饭，几乎足不出户。

直到蒋经国失去打扰她的兴趣，直到丈夫出狱。

蒋经国的财富、地位和爱情，在顾正秋面前完全无效；戏子无情的定论中，她也是个异数。她并没有爱那个看上去条件那么好、几乎可以给他一切的男人，而选择了她内心真正热爱的男人，那个人可以和她一起隐居田园，过悠游自在的日子，而不是日理万机，连陪爱人散个步吃顿饭都是奢侈。

[4]

我们总是固执地认为爱情中另外一个人可以被感化，用自以为是的方式亲近对方，对对方“好”，却忽略了对方真正的需求。

渴望陪伴的人，给他住再好的房子，银行卡里有再多的钱都不足以抚慰一个人的孤独；喜欢奢侈的人，给他你全部的热情、关爱和疼惜，都抵不上别人一件名贵的礼物；向往自由的人，给他最紧贴的拥抱和最密不透风的爱护，只会让他像掌心里握得太紧的沙子一样迅速逃离；把事业视为生命的人，痴缠的要求和需要小心伺候的“公主病”，是他永远担负不起的负担。

我们需要的，都是那个刚刚好的人。

他或许没有别人体贴，却给了我渴望的自由；他或许没有别人富有，却给了我足够的爱与尊重；他或许没有别人美貌，却给了我最踏实的拥抱；他或许没有别人细腻，却给了我坚定的依靠。

爱情不完全是外在条件的一对一比较，更是内在心灵的一比一契合。

不仅仅是门当户对的出身，更是棋逢对手的智慧。

不局限于人无我有的稀缺，更在于你出现在最恰当的时候。

用对方能接受的方式爱一个人，比用你觉得正确的方式爱一个人，更有回应。

我对困惑的“软妹子”说：“优秀是个相对论，不是每一个优秀的人，都必须爱另外一个优秀的人，两个不在一个频道的男女，即便再优秀，也永远无法接受对方爱情的信号。”

能够用正确的方式和姿势爱我们爱的人，让他们顺利接收来自我们的爱情的信号，也是爱情真正的修炼。

我们都需要时间，成为更好的人

无论稳定还是动荡，
我都想以自己的节奏，
用自己的方式，
从容不迫、不慌不忙地坚强着。

每个人都有别人看不到的背后

2008北京奥运会那一年，表哥大婚，我主持婚礼。

表哥和表嫂是模范情侣。他们是高中同学，谈恋爱谈了8年。当年高考为了和表哥上同一所大学，表嫂还复读了一年，终于考到了表哥所在的学校。大学毕业后表哥在北京读研，表嫂去了上海工作，两个人异地了3年。

跟许多异地恋人不一样的是，表哥和表嫂好像从来没有考虑过要不要在一起这个问题。什么时间啊、距离啊、不能陪伴啊这些在其他恋人那里构成阻碍的问题，在他们那里似乎根本都不存在，因为在他们的字典里根本没有“不在一起”的概念，而只有“在一起”。无论做什么，分开多久，只要情况允许了就是要在一起，天经地义。

所以表哥研究生毕业一找到工作，就把表嫂娶了回来。表嫂辞了职，跟着表哥生活在了北京。然后很快就有了第一个男孩。表嫂在家带孩子，表哥工作，男耕女织。隔了几年，又有了第二个孩子，是个女儿。

儿女双全，羡煞旁人。

表嫂在家带孩子，开过一阵子网店，卖婴儿服装，生意还不错。后来有了第二个小宝贝，就没时间打理了，关了网店全心全意照顾家庭。表哥在石油口上班，待遇也不错，两个人在北京有车有房，跟邻居处得好，常常一起喝酒聚餐，交换育儿经。表哥有假期，就带着家人出去旅行。近了就去秦皇岛，远了飞厦门，今年看我在云南待了两个月，还说也想组织朋友们一起去云南玩。

总之这两个人，从模范情侣又变成了模范夫妻。表哥向来不花心，跟女同学女同事泾渭分明，从来没有红颜知己也没有所谓的好闺蜜。表嫂就更是，朋友都是和表哥共同的朋友，在北京也没时间出门瞎晃，最多就是带孩子逛商场给孩子买东西。最近听说两个人还打算一起创业开家餐厅，生活按部就班，欣欣向荣。

再说说我表弟。表哥是大姨家的，表弟是三姨家的，只比我小半年。他和他老婆，更是青梅竹马，初中就在一起了，两个人爱得如胶似漆。表弟是那种一根筋的男人，他喜欢上一个人，不管怎么样，就会死心塌地认准这个人。当时他和他老婆好，两家人都不同意。女方家嫌弃我表弟家境没有她们家好，觉得低就。表弟父母觉得对方嫌贫爱富，而且知道女孩曾经为情自杀过，怕心理不健康。两家都不同意和对方在一起，但是两个人爱得死去活来，我表弟更是做牛做马都愿意，总之就是雷打都不会散，从来没有一刻动摇过在一起的决心。

三姨虽然苦口婆心劝过，但自知拗不过表弟，也就作罢。女方家也是心有不甘，但是因为有前车之鉴，想到万一反对得太厉害自己的女儿再做出什么过激的事情来，到时候后悔都来不及，于是也就默许了。两人结束了9年恋爱长跑，三姨家欠债给两个人置办了婚房，小两口欢天喜地喜结连理。2009年两个人结婚，还是我主持婚礼。

有一次表弟老婆晒出了表弟当年给她写的情书，字字情真意切，我真是没有想到一向学习不咋地的表弟能写得如此一手好情书。所以我发现，情书写的好不好，其实有时候也不在于文笔如何，而在于感情真挚不真挚。

扯远了。

两个人结婚之后，常常卿卿我我出双入对，在朋友圈里是一对可人儿。表弟老婆爱打扮，每每把表弟打扮成韩国“欧吧”一样帅。表弟继续发扬一根筋对老婆好的精神，把老婆宠得脾气越来越大。我一般一年也回不了老家几次，但几乎每次回去都会在最大的超市的零食区遇到表弟。每次几乎都是一模一样的情景：他一手拿着电话，一手推着购物车，一路走一路按照老婆的指示往购物车里装零食。结婚几年，俩人眼看着发胖，跟吹气儿似的足足胖了有一倍。这俩胖子平时也不做饭，常常下馆子，还爱喝啤酒，于是更没法减肥。

人家都说了，幸福的人才发胖。爱就是两个人一起吃成胖子。

我一个20多年的发小，大学时和一个男生在自习室一见钟情。俩人谈起了浪漫的校园恋爱，漫天大雪里拍的合影至今让我想起来就觉得甜蜜。毕业后两个人一起到北京找工作，租房子同居，然后过起了幸福小日子。女孩子一边准备司法考试一边在家做饭等他下班，男孩子每天勤勤恳恳工作赚钱。后来女方想结婚，男的说没房子也没钱，俩人僵持了很久。因为发小实在是喜欢这男的，想分分不开，于是女方家在北京一口气备好了房子车子。俩人结婚后，女的成了法律顾问，男的依然做IT。生活皆大欢喜。

我还有一个闺蜜，多年前嫁到外地，然后就没有了什么联系。再重新联系起来，她已经是两个孩子的妈。也是一个女儿，一个儿子。两个孩子都十分乖巧可爱。她似乎嫁的还不错，当年老公追她追得感天动地，婆家是做生意的，环境比较优渥，她嫁过去比娘家生活要好。她不用工作，带着两个孩子，公婆也时常帮她的忙。我这个闺蜜，身材高挑，皮肤白净长得也出众，生完两个娃也没见老也没见身材走形。偶尔发自拍，看到她开着车去接娃或者去玩儿，觉得也是一个幸福的小女人，过上了她想要的生活。

以上，是我身边的人的寻常生活。我们每天刷着朋友圈，满眼看到的都是幸福团圆的结局，看到的都是丰富多彩的生活。所以也不难理解，为什么很多单身的人常常会因此而感到难过，见到晒娃、晒婚纱照的就恨不得屏蔽。在她们眼中，满世界都是别人的幸福，使得自己的羡慕嫉妒越发明显，而空虚寂寞冷也对比得无处遁形。有人问过我：为什么别人的幸福都来得那么轻易，而我的幸福却如此艰辛？

我前一段时间去丽江找朋友玩。朋友来机场接我，在回客栈的路上，我们叙旧。她突然说很羡慕我们在北京的一个同学，说她嫁得好，不用工作，看起来很幸福。看她的言谈间艳羡之情溢于言表，我想了想，决定还是告诉她真相。我说不必去羡慕别人，每个人都有自己的难处，生活永远没有一帆风顺，你羡慕的这个女同学，从结婚就开始想要孩子，已经努力了五六年都没有结果。她也不是不想出去工作，是她老公比较没有安全感，不过现在已经好多了。朋友听了颇为惊讶，而后沉默。

是的，在这个世界上，每个人其实都过得挺不容易的。李嘉诚有李嘉诚的烦恼，流浪汉有流浪汉的辛苦。没有完美的世界完美的生活，故事总是在最美好的时候戛然而止，而生活却在柴米油盐中继续。在每天看似欢乐的生活后面，你若仔细探寻，总会看到其他一些什么。幸福的大团圆结局后面，是真真实实的生活，是把完美面纱撕开来，暴露出后面的反转剧情。

表嫂有一天突然在一大堆孩子的视频和照片里发了一条朋友圈说，她产后先是得了躁郁症，后来变成了抑郁症。就那么一条，轻描淡写的，我已经感觉到了她生活的另一面。她为了家庭，放弃自我，没有自己的圈子，没有自己的事业，一切都为了孩子和老公。很多时候她看着孩子茁壮成长，心里是幸福和满足的，但是还是免不了有一些时候，有那么一些失落和不开心。

表弟老婆得了子宫肌瘤做了手术，然后我发现不知从何时开始，她每天发的朋友圈都是各种励志鸡汤，加油做更好的自己，直到有一天我听说表弟爱上了别人。一个男人最大的优点往往就是他最大的缺点，就像他曾经爱上她一样，他的移情别恋也是那么坚定不移，九头牛都拉不回。而她还是强作欢颜，努力让自己看起来不那么悲情。每天她依然兴高采烈记录自己的生活，甚至比从前安排更多的节目和聚会，减肥打扮让自己越来越美，但是每到夜晚的时候，卸下白天的伪装暴露出脆弱的自己，她边自斟自饮边独自垂泪。

嫁去外地的闺蜜，时常会转一些“男人当你明白这些道理的时候可能就晚了”之类的朋友圈，后来侧面知道，结婚以后她老公常常忙着应酬很少回家，连孩子也不怎么管。她发烧在床上，他也不在身边。打电话给他，他只说忙。闺蜜想不通，为什么当初追自己追得那么凶的一个男人，如今却判若两人?

至于我那个发小，结婚1年后她老公出轨被她发现，两个人沟通无果最后还是离婚了。男人说不想一眼就看到自己几十年之后的生活，并说若不是她逼自己，自己根本没想过这么早就结婚。发小耿耿于怀的是，如果他当初根本不想结婚，为什么最终还是要答应我?

在外人眼中，他们每一个人都很幸福。至少没有实际上那么痛苦。家庭和睦，有车有房，夫妻恩爱，衣食无忧。但是只有我这个朋友圈里的人知道，她们每个人都曾经经历或者正在经历着什么。

前阵子我在北京的朋友家小住，单身了很久的女性朋友早出晚归，下了班带着一身疲惫洗澡换衣服，然后坐在沙发上抽着烟跟我说，她也不是没想过要找一个人结束单身生活。有时候其实特别孤独，尤其在偌大的北京，忙了一整天晚上开车在回家的路上的时候，心里一点奔头都没有。家里黑着灯，房间里没有人等着，回到家里也是面对空荡荡的墙壁，说话都仿佛可以听到回声。尤其是遇到委屈心情不好的时候，连个述说的人都没有，只能把自己蜷在被子里哭。打雷下雨的时候，躲在厕所里刷马桶。可是想到身边那些结了婚有伴的人，其实也没过得有多好：找了老外生混血娃的，因为生活背景不同，两个人现在除了孩子之外已经找不到什么话题了；姐弟恋的，因为男生赚钱不多又好面子，女方想过生日的时候开个趴请朋友吃喝玩乐一番都放弃了，为了怕男孩伤自尊，连生日礼物都免了；平淡过日子的，男的回家就玩游戏，女的回家就想睡觉，周末看看电视节目，基本没什么可以交流。她说，这样想想，还不如我一个人过。

婚姻就像围城。外面的人郁闷，里面的人也未必有多开心。人会变，感情也会变。当然，开心的时刻还是有的，所谓幸福的夫妻，不过就是开心的时刻大过了所有不开心。世事跌宕起伏，谁都不知道明天会发生什么，在平静的日子里，那些涟漪荡漾之后，又重新恢复平静。

在时间的洪流中，每个人都那么平凡普通，毫不起眼。在你来说，发生了天大的事情，在外人眼中，也不过就是一个当日新闻。每天的信息量如此之大，今天的头条，明天就被人们遗忘。所以，真的不必在意别人会怎么看你怎么想你，这些对别人其实也不过就是茶余饭后打了一个饱嗝而已。

在上帝的视角里，天底下发生的任何事都是小事。在人类视角里，其实除了生死，世间事也都是小事而已。我那个离婚的发小最近她在朋友圈发了新男友求婚的照片，我被满屏幕的玫瑰花，心形蜡烛，钻戒，还有热吻刷屏。而我只回了一句：祝你好运。

已发生的事
又何必耿耿于怀

[1]

歌手老狼说过他的一个故事。当年他跟中央台拍摄《走进非洲》，在阿尔及利亚转飞机。同行的工作人员迟到了，害得大家都得改签下一班飞机。大家正在抱怨呢，就看见刚才起飞的那家飞机左侧引擎冒出火焰，然后整架飞机坠落了。

本来不顺的事情，峰回路转变成了好事。人们会感慨运气，感慨人生，像老狼大难不死的故事就印证了这种巧合。

但其实大部分晚点延误都不会带来这么大的起伏，晚点了就是晚点了，要赶夜车，要晚回家，要影响第二天的安排，这都带来诸多不便。人们还是会在每个晚点后抱怨、咒骂、生气、难受。

读明海师傅的《禅心三无》，他提到一个词，叫“也好”。没赶上飞机，也好，不该丧命于此。飞机晚点，那就晚吧，不能改变的事，就是“也好”的事。

[2]

认识“也好”挺难的。一般人们有一个评判标准，符合标准的就是好，不符合的就是不好。这中间有“还不错”，“不怎么样”，“凑合吧”等中间状态。但唯独没有“也好”，也好算什么呢？到底是好还是不好呢？感觉像和稀泥的。

很多人习惯爱憎分明，特别是那些从小受过严苛教育的孩子，总相信前因和后果的必然联系。他们习惯于对自己、对他人、对周围事物有一个“应该如何如何”的期待——应该一次考过，凌晨应该不堵车，正义应该战胜邪恶，努力应该有回报。这难道不是积极向上的价值观吗？

应该考过的没考过，当然不好；应该通畅的时候堵车，当然不好；正义没有战胜邪恶，当然不好；努力到头一场空，一定会有“这到底是什么世道啊？”的感慨。

但你看，考试没考过都已经发生了，好不好也就这样了；半夜三更堵车，你也没法一秒变飞行器，就堵着呗；正义被邪恶打败了，那下次正义再来呗；努力没有回报，那就继续努力呗。

再积极点想，没考过打击了你，你更努力地学习，彻底改变过去的浮躁和侥幸，这不是也好吗？堵车后你肯定不能飙车，也许救了你的命。正义没有战胜邪恶，那说明正义准备得还不够充分，还太弱小，继续锻炼呗，谁说正义一定赢呢？努力没回报，说明努力不够啊，继续强大自己呗，早晚有回报。

这样一翻译，好像所有的事都可以算不错。已经发生的事，将要发生的和过去发生的，真的都是“也好”。既然发生了，已经发生了，就“也好吧”，也许他有你想不到的连接，连接到你未来及生命的其他方面。

比如老狼原来的那班飞机，错过了，“也好”。

[3]

生活中难得这样的“一念之转”。

老婆啥也不会，还斤斤计较，这当然让人生气。不过因为计较比较专注在小事上，不去干涉你的生活，“也好也好”。同事合伙挤对你，这当然很难忍受。不过因为他们的挤兑，你提前离开这个环境，也许迎来一片新天地，“也好也好”。工作事业不顺，这当然让人焦虑。不过因此你更努力地寻找，激发潜能，“也好也好”。

其实态度就像一条河，直着走是刀山，竖着走是火海，转个弯，就是通衢。

在银川沙坡头看到一条不太宽的河，问导游：“这是黄河的支流吗？”答：“这是黄河。”

黄河在沙坡头转了两个弯，行成了一个反S型。“黄河之水天上来，奔流到海不复回”。“也好”，即使有这窄窄的一段，黄河也没有因此而丢脸。反而形成了更壮美的景色。

[4]

有个佛教故事，说“止语”的，也可以看成是讲“也好”的。

有个流浪汉希望做一天佛祖，佛祖答应了他，唯一要求就是让他不要说话。

富翁进来了，求福报，一弯腰，钱袋掉了，流浪汉想起佛祖的话，没吭声。

穷人进来了，求财治病，一弯腰，看见富人的钱袋，以为是佛祖的恩赐，三拜九叩。

渔民进来了，求平安。这时候富翁进来，一口咬定是渔民捡了他的钱包，于是两人扭打起来。

流浪汉忍不住了，告诉富人是穷人捡了钱包，跟渔民无关。

富人找穷人要回了钱，渔民照常出海打鱼。看起来很公平吧。

佛祖让流浪汉看到未来——渔民打鱼遇到风浪淹死了，穷人未得到医治病死了，富人因为不懂施舍没有得到福报。而本来，渔民跟富人扭打，会改变打鱼的时间，富人找不回来钱，会自然施舍，穷人拿到钱，救了命。

这个故事告诉我们，流浪汉之所以是流浪汉，是因为他相信自己的智慧可以改变世界。佛祖之所以是佛祖，是因为他相信自然安排的智慧。

穷人捡到钱，富人无意中做了施舍，渔民因打架而躲过灾难，这虽然不完美，但是也好。只是被流浪汉的热心肠变成了不好。

[5]

“也好”是顺从，在西方灵修课程里，对应的词是“臣服”。

臣服感觉是面临一个君主的，有一个至高无上的神，或者无可撼动的命运之手，如果从字面上理解不如“也好”通俗易懂。

臣服也带着谦卑，当然谦卑不是坏事，但对于中国这样没有宗教氛围的国家来说，谦卑很难把握，对谁谦卑，如何谦卑，为什么谦卑，这都很难解释清楚。倒不如“也好”来的简单。

“也好”也带着感恩的意思，还不错，挺好的，谢谢安排。

随遇而安，圆融，活在当下，感恩，这是很多灵修的根基，一个“也好”就都包含了。

所以，每次感觉特别不顺的时候，记住有个词叫“也好”。

为现在的自己活一天

参加完同学聚会就闷闷不乐的薄荷小姐终于还是忍到了9点多敲开我的门，她捧着一杯橙汁颓然的陷进松软的沙发，像是一只被雨水淋得透湿无精打采的猫。

“哟，破天荒的喝饮料，不是要限制糖分摄入么？难不成看见往日男神有了伴就这么伤心？”我打趣她。薄荷小姐忧伤的看我一眼，像诗人一样的吐槽一句“瘦了又怎样？美了又怎样？真的没有用，反正也没人看。”

“你这是……思凡了？”

她连反驳的气力都懒得使，半晌幽怨地问我一句：“你说我这么拼，到头来好像什么都没得到，到底是为了什么呢？”

薄荷小姐受到的刺激来源于聚会上偶遇三年不曾见面的老同桌，那女孩我们都认识，高中毕业就辍了学在家捣鼓服装设计，平时用20%的精力工作，其余的时间都用来宅着，翻翻画册看看美剧，偶尔兴起的时候来一场说走就走的旅行，进了设计公司之后的日子也每天清闲的要命，从来不加班不出差，而她的婚讯，成为压倒薄荷小姐的最后一根稻草。

“你说她学习不如我，长得没我好看，没我身材好，没我努力，为什么竟然看上去过得比我好的样子？现在老公也有了居然都要开公司了，要不要运气这么好，简直是要嗐死人。”她一连串的吐槽连标点符号都省略掉。

“说不定人家也有拼命努力的时候，只是你没看见呢？”

薄荷小姐苦笑一下伸出磨出几个大泡的脚跟，顺便崩溃的捋了一把因为疯狂最近日夜颠倒加班而狂掉的长发："她那要是也算努力，我这就是不要命了。简直不是一个重量级的拼好吗。我有时候真觉得造物主是瞎了眼，说好的一分耕耘一分收获是用来反讽的吗？"

她沉默了一小会，又低声地补充了一句"我倒不是羡慕她，只是忽然觉得自己过得很不值。"

成年累月没日没夜的加班，积极勤恳的完成每一项任务，连谈恋爱都没时间；喝杯奶咖都要计算卡路里的小心翼翼，与各种美食失之交臂的抱憾和不甘；非常讨厌交际，却不得不强装笑脸打起精神陪客户吃饭的无奈；只想看看美剧刷刷微博到朋友圈点个赞，却还惦记着"三天不读书智商不如猪"逼迫自己接着加油；累到要死还要垂死去跑上两圈练练马甲线，过敏到想把自己的脸皮撕掉还是的顶着一脸浓妆去参加同学会。明明已经那么努力了。而那些远不比你努力的人，他们过得……好像也并不差。

身材相貌没你好的人结了婚而你还在七夕的前一天默默哀号；没你勤奋没你聪明的人当了老板，而你还坐在格子间苦命的拼命打工；没你人脉广的人连发个不开心都有人陪伴有人安慰，而你在傍晚的街头独自捂着肚子打一辆车；连王勃和黄渤都不分的人孩子都已经快学会走路，而你在深夜里翻一篇雪莱自寻烦恼。

即便在安慰自己说"每天都过得很不错，很充实呢"或是"他们有的这些，给我我也不想要。"或是"他们在现在，而你是未来"这样的话，在这样巨大的现实反差前面，怎么听都像是加了醋的"鸡汤"，老远都一股子酸味。

"忽然觉得自己过得很不值"。薄荷小姐的这一句，或许是每个人都会不时冒出的心声。

我很喜欢堺雅人饰演的心理医生在《Dr.伦太郎》，面对病人时常常说的一句话“请不要再努力了。”

“请不要再努力了，去寻求帮助吧”

在不知所措的时候，迷失方向的时候，虽然迟早都能通过手上的地图找到路，但是还是开口去问问其他的人，更简单一点吧。而指点你前路的那个人，你不知道他会为你打开什么样的世界。

“请不要再努力了，让自己轻松一点吧。”

在悲伤的时候，沮丧的时候，虽然所有的情绪最终还是要自己慢慢平复，还是和朋友一起聊聊天会更开心一点吧，你有强大到足够消化一切的心灵，但是并不代表你要将自己包裹成一个茧与世隔绝。

“请不要再努力了，你已经努力到了没法再努力的地步了吧。”

每一天很累的时候，不想要再坚持下去的时候，那就停下来休息一会吧，做做自己喜欢的事情，看看电视翻翻书，路过初升的太阳和四合的暮色，驻足看到一朵花被细雨打落。你的人生还那么长，没有必要让自己倒在最前头。

不要永远看着远方，要怎样的辉煌？怎样的荣耀？怎样的殷实？怎样的安逸？被抛在身后的每一天，都是不再重来的过去。

而只有懂得在什么时候停下来，才能整理好行囊明天更精神抖擞地上路，像一只小小的尺蠖，从来不曾一步千里，从来不曾夜以继日，每走一步都要退回半步。

就这样，认认真真的偷一天懒就好。为现在的自己活一天，不去想以后。或许这才是真正的成长，会赶路，也会停留。

认认真真的体会一个人的安逸，认认真真的享受一杯甜蜜的热饮，认认真真的看一会电视剧笑一笑，跟好友煲完电话粥聊些不疼不痒的生活琐事然后早早上床睡觉。

明天，请不要再努力了。

你可以不成功，但不能不成长

这几天，不停有人直接或间接向我吐槽工作中的不愉快，吐槽内容无非是自己怀才不遇，同事能力不达标、不好相处，等等。

我有时会告诉对方，现在你遇到的问题正是展现你的能力、在老板面前成就自己的时候，同时你会练就一颗强大的内心，而后者则是更大的收获。

F是我5年前认识的一个同事，学的专业是音乐艺术。那一年单位恰好举办了一场选秀比赛活动，他在那场活动中表现抢眼，继而被留下。虽然在比赛中表现不俗，但初进单位的他没有任何特殊机会，依然从最底层做起。他做过文字采编、市场拓展、活动策划等工作，经常加班到后半夜，但是早上八点半依然会在办公室看到他活跃的身影。

大约半年后，同事告诉我，F在单位做节目主持人了。我和大家一样很惊讶，从网上找来他主持的节目，看完觉得还真不赖呢！逐渐地，他主持的节目在我们生活的城市小有名气，他的工作越来越多，也越做越好。即使工作多到天天要加班，两个月都没有休息时间，也从不见他抱怨。此时，他还开了一家属于他自己的面馆，并且经营得风生水起。

前年年中，他告诉我他要辞职了，我表示很错愕。他悄悄地说："我要出书了。"这下我倒很淡定，因为我觉得他的故事足够写一本励志型的畅销书了，但他写的却是一本教别人怎么做菜的书。果然，2014年年初的时候，他带着他的新书，在我们城市最高大上的商场做签售活动。此后，我们也不停在卫视节目中看到他的身影。

L是我另外一个同事。她刚进单位时，还是名瘦弱的学生。犹记得她进单位时，因为是新手，又在新部门，很多东西都没有成系统，完全要靠自己一点一点摸索。那段时间又特别忙，加班到深夜是家常便饭。

更难的是，那时她每周都要做专题策划，线上要有专题页面，线下要带活动。线上专题制作，要能画得了框架，P得了图，还得懂代码。代码能为难死她，大家天马行空的想法，就连程序员也面露难色，更何况一个编辑呢！但是她并没有退缩，而是想尽办法与程序员和设计师沟通，结果她每期做出的专题既好看又叫座。

记得第一次组织线下活动时，因为人员组织问题，她与其他部门的同事产生了不愉快，自己偷偷流眼泪。被大家发现时，她却很快调整好心情，一个电话接一个地打，邀请朋友来参加活动，并详尽地跟对方说我们的活动是如何好玩。活动的前夜确认好各个细节后她才离开办公室，当时已是夜里十点多，第二天她依然精神抖擞地出现在活动现场。

那时候，她还在准备研究生论文。虽然几乎每天加班，周末不休息，自己学业上还有很多重要又紧急的事情要处理，但是从不见她抱怨。3年多时间过去了，L已经升为部门主编，带领着一帮小伙伴在奋斗。现在的她，开朗、自信、阳光、成熟且优雅，年底组织一场几百人的活动也胸有成竹。

前些日子还见她发朋友圈感慨：五年前的我，研二，住宿舍，在电视台实习，做两份家教，内向、焦虑地度过一段迷茫空虚的时光，现在的自己和那时比，是全新的。

正如L所说，她现在是全新的，F亦是。现在的他们，或许还没有取得世俗的成功，但他们的成长是有目共睹的，且这比世俗的成功要重要多了。

说到这里，或许有很多朋友又要说，我付出那么多，就是要成功，要加薪升职。要加薪升职没错，要成功也没错，可是，能否在你想加薪、升职、成功前把你手边的事情做好呢？这世上成功的方法有很多种，唯独没有做梦。

工作中，大部分人都犯了一个致命的错误——眼高手低。很多人不愿意做一些琐碎的小事，但就是这些小事，你琢磨透了，漂亮地完成了，就能给领导留下好印象，让领导看到你的能力和态度。你的工作能力强了，可发挥的空间就大，机会就越多。

只是大部分人，把工作当任务，完成了事。也有些人会觉得自己做了很多，但是却看不到结果，不愿再坚持，也没了耐心。其实，这就像栽树一样，你正在扎根呢。千万不要轻视行动的力量，认真做好你认为对的每一件事。因为，你的成长比成功更重要。

用著名新闻工作者熊培云的话说："如果不想浪费光阴的话，要么静下心来读点书，要么去赚点钱。这两点对你将来都有用。"

告别过去，开始新的旅程

也许时间是有节点的，在某个节点上，一段时光死了，由另一段时光接着。人的生命也是如此，在某天之后，你“死”了，新的自己替你活下去。那时，你会怎样和过去告别？

[1]

会不会是一段说走就走的旅行？

2008年夏天，橘子接到了一个陌生女人的电话，对方是一个稚嫩又嚣张的声音。在这个电话之前，橘子是我们圈子里嫁得最好的。

老公林平是她的初中同学，相恋多年。因家中殷实，自己又争气，开了家规模不小的互联网公司。橘子深知不能与社会脱节，一直坚持上班自力更生。直到大宝呱呱坠地，才彻底当上了相夫教子的全职主妇。后来，二宝也降临了，举案齐眉、儿女双全，简直就是理想世界里的人生赢家。

直到那个电话。女孩说她是林平最爱的人，林平答应她早晚会离婚。这一年的情人节、林平的生日、跨年，他们都在一起。

橘子愣了，默默地挂了电话，想起了林平打来的那些临时又仓促的出差电话，心裂成碎片。

橘子离婚了，于是，拉我来了一场说走就走的旅行。飞机降落在朝阳下的皮杜鲁拉格勒山脉，我们在科伦坡街头走走停停，在挂满经幡的雨林里宿营，还帮当地一户乡民在山涧里打下了一口深井。

当清澈的山泉喷涌而出的时候，橘子突然转身冲着山下的旷野大喊："林平，再见；橘子，再见。"她身体前倾，用尽全力地向远方嘶吼，那个沉重的名字终于从心底被拔出，飘散在斯里兰卡浓郁幽香的上空。

是时候和过去告别了，橘子抱着我，在怀里哭到颤抖。

[2]

你会怎样和过去再见？也许是一刀剪断自己的挂念。

坐在镜子前，小妹和我对视了一下，轻声说"剪吧"。顿时，理发师的剪刀上下翻飞，不一会儿，一头明亮的短发映入眼帘。再看，小妹早已泪流满面。

小妹和浩南是在小姨和姨父以死相逼下分手的。从小，小妹就是二老的掌上明珠，大学时更是出落得人见人爱、花见花开。没想到大二的时候认识了学校门口开早餐铺的浩南。

那天早上，小妹正和我打着电话，突然一个人从拐角处窜出，一把抢过小妹的手机撒腿就跑。当时正端包子的浩南二话不说追了出去，跑了两条街才把手机给夺回来，匆忙间还被玻璃扎破了手臂。后来，小妹常去浩南那儿吃早点。再后来，她常去浩南那帮忙卖早点。

小妹嘴里的浩南自强自立，正直踏实。是小妹先鼓起勇气表白的，浩南高兴得手足无措，拉着小妹在整条街上乱跑乱跳。

小妹回家的次数越来越少，终于被小姨和姨父抓到了小妹在早餐店帮忙的那一刻，气得两位老人当场发飙，差点把桌子掀了。

在彼此折磨了大半年后，小妹被姨父逼着考下了GRE，开始准备申请美国大学的研究生。浩南也认了命，和小妹不再有来往。

临行前，小妹让我陪她剪头发，快齐腰的长发瞬间落满了一地。

[3]

你会怎样和过去告别？可能是给自己写一封长信。

我从小就是最尽职的女配角。从幼儿园起，所有小朋友都知道从我这里加塞最安全；小学时，每节下课都得陪不同的人去上厕所；中学是万年替补，帮无数人发作业、做值日、出板报。因为我不敢说不，我怕麻烦别人，但我更怕拒绝别人。整个青春期，我都在怕，卑微地讨好身边的每个人。

直到有一天，最好的朋友拉着我的手痛诉小A的“罪行”，说她心机重、不诚实、小气狭隘不可理喻，让我们都别理她。我傻傻地不知道如何回答，只得屈服在她无辜的眼泪下。

之后几天，我说到做到，不再和小A打招呼，每次路过，都只能尴尬地苦笑。慢慢地，小A也不再理我。我心里想着对好友的承诺，不敢有半分忤逆和敷衍。直到有一天放学，我惊讶地发现好友和小A亲热地一同出去吃饭，我吓得目瞪口呆难以相信。

晚上好友给我发短信，轻描淡写地说已经和小A和好了，之前的种种一笔勾销。那时，我整宿睡不着觉，我难以相信好友的刻意缄默，我深知众口铄金、积毁销骨皆是源于我的软弱。我不敢对朋友说不，不敢言行不一，不敢当面对峙，也不敢接受结果，最后只得狼狈不堪落荒而逃。

在那段痛苦艰难的日子里，我用残存的理智给自己写了一封长信，回顾了我从记事以来遇到的所有不堪。这封信写给我曾用力打压的那个独立自强、勇敢无畏的自己，我告诉她我错了，我做了那么多对不起她的事。因为我的懦弱让她蒙受不白之冤，因为我的胆怯让她备受猜忌侮辱。

[4]

我深知背负着难以释怀的情感或沉溺其中，我们会行走得异常艰难。有时候无法前进，是因为我们还没有和过去好好说再见。无论是主动或是被迫，无论是原谅还是忘却，我们都需要通过一个仪式来和过去的自己告别。

橘子的咖啡店生意火爆，两个孩子乖巧懂事。最近的追求者小她8岁，目前尚在考察期，急需转正。

小妹在美国学业顺利，妹夫是加州理工大学的高才生，毕业后盛大的婚礼在洛杉矶马布里海滩上举行。当帅气的妹夫骑着白马在漫天霞光里缓缓走向小妹时，我看到了她眼里泛着幸福的泪光。我想起了有一次我路过小妹的大学，顺道去看浩南，发现早点铺重新装修过，人来人往特别热闹。他身边跟着一个瘦瘦小小的女孩子，两人时常说笑，满眼爱意。

至于我，也不再是那个唯唯诺诺的便利贴女孩了。我不再需要廉价的友谊，我懂得好好爱自己，并不断努力成为更好的自己。因为我知道，更好的自己才值得更好的朋友和爱人珍惜。

所有人都在和过去好好告别之后，开始了新的生活，我们带着爱和希望踏上了人生又一段征程。此时回首，对过去满是感激。正是因为那些黯淡混浊的过去，才成就了此刻这个闪闪发光的自己。

找到自己的节奏，管它稳定还是动荡

[“稳定”二字已经被妖魔化了]

身为成年人，遇事理智些，才不会一刀切地看问题。稳定与否还真不是由城市规模或工作性质来决定。

我见到过，在珠三角的银行里，背景牛、人脉广、资源密的幸运儿，轻松拉到存款完成指标，压根不用去设计方案开发客户；在北上广的物流公司，销售员只因长得像工厂小妹前男友，掌管发货的小妹便把出口业务委托给他，从此他迟到早退成为新常态。

我听说过，在农村的田间地头，大学生村干部帮着村民联系农超对接，用公众号宣传当地农产品，踏实辛苦做出好成绩；在三四线小城的公司里，我表妹一年仅休息10天，啥活都得干出最佳性价比，被九九八十一难磨炼为业绩增长的定海神针。

一线城市和4A写字楼未必就意味着为梦想打拼，体制内和小县城也不是养老和退化的绑定代言人。

有时候你看到湖面上悠然游弋的白天鹅，但没见着水下它奋力“踩油门”的脚掌；有时候你看到池里拼命扑腾的旱鸭子，看似动静很大其实也没划出几米远。

[破除内心体制化，才有挑选体制的权利]

“工作稳定=浪费时间=贫穷无能”的说法对于一些思想懈怠混日子的人有警醒作用，但并不普适。

难道公务员、教师、国企员工以及小县城从业者们，非得选择辞职下海开店创业才算对自己有所交代吗？

相对于公司市场部，后勤保障部属于稳定；相对于多劳多得者，拿死工资的就是稳定。如此说来，躺枪者众。风风火火去当分母前，先客观评估下自己再说。

我认同每个人应该保持职场竞争力，但讲个道理也不必强行分离体制内与体制外。

毕业生总会疑惑：是在大城市储备能量，还是去小城市当公务员换取一生稳妥？拜托，大城市也有公务员的好吧，凭什么就觉得中央部委或中央直属机关的公务员见识和能力比你含蓄？

像深圳这种改革弄潮儿经常作为试点先行先试，有一年某有关部门要上线数据传输的新模式，这与我司业务紧密相关，我被派去参加多场由该部门牵头或参与的会议。

有个年轻的公务员给我感触挺多，主持功底、组织能力、业务水准、情商等级让我佩服不已。可最让我羡慕的是，与我年纪差不多的他，有我望尘莫及的宏观眼界。

他有机会去龙头企业做调研，在与行业内权威专家的对话中答疑解惑，能用更开阔的视野去看待问题；他有机会和业界代表商讨议题，在上下游的行业骨干各抒己见中碰撞观点，能以大而全的思维去统筹兼顾。

虽然我也不擅长妄自菲薄，但觉得自己几年勤苦的累积和感悟，受限于平台广度和流程细分，在我盲人摸象不得要领时，人家早已一览众山小了。

有些人非要死盯着体制中的负面损耗，无视它对你的培训锻炼，自我放弃还要怪体制害人。更衬托出那些对工作平台趋利避害、逆流而上的人有多难能可贵。

[吞噬你的不是体制，而是停止前进的惰性]

我有个公务员友人从事食品检验类的工作，她每天用姜片泡脚，因为常往零下二三十度的冷库里钻；为听懂国外官方代表来华交流时的直接反馈，业余时间高频研习英文法律或行业英语；如有领导或专家要做个调研，她主动申请加入感兴趣的课题，承包整理材料、核查数据和语句校验等环节。

我俩去图书馆借书，看到她拿着欧盟卫生标准和日本肯定列表的大部头时，借了多本畅销书的我居然有点脸红。

我记得她刚进体制内时，也迷茫、闲不住、想到围城外去，后来当她把好奇心、求知欲、敬业力倾注于业务上时，发现自己的岗位竟十分有趣味、有意义、有价值。

她没有因为过上安稳的生活而过得百无聊赖，精益求精的工作姿态反而让她更加生动迷人，我喜欢看她聊起工作时嘴角上扬、两眼放光的神态。

我早已被许多身在体制内、心在体制外的人圈粉了，像是每年两会上优雅答记者问的银发女神傅莹，业余玩博客就写出了掀起读史热的《明朝那些事儿》作者海关小哥。

在宽松体制下仍对自己下狠手的人，换个环境也能风生水起。能破除内心的体制化格局的人，才有资格去挑选体制。

[你看到表面的稳定，没看到背后的折腾]

稳不稳定根本没那么表面。

我有个朋友主张别把兴趣当成工作，她白天是朝九晚五的公司小文员，工作内容平淡重复，领着一份不多不少的固定工资。

可下班后，她在网上接了不少绘画的外单，生龙活虎地构图上色，常与各种外包编辑和卡通发烧友打交道。

只截白天工作场景的图，你可能会认为她不思进取、安于现状，但观察下她的业余，你就会发现她热忱投入、活力四射。

她有次对我炫耀自己接私活的收入完胜上班月薪时，我建议她辞职去当专职画师，她倒是挺满意这种穿插得当、错落有致的工作状态，本职受挫委屈时，兼职充当情绪出口，况且爱好一旦变成工作，或许会丧失爱好。

白天公司工作给她稳定感，晚上兴趣爱好给她成就感，她享受这样的攻防兼备。

像她这样，上班完成自己的工作后，下班就变身淘宝店家、文案小编、自媒体人，上班拿基本工资，下班拿绩效奖金，进可攻退可守也很棒。

此外，不要动不动就煽风点火让人离开稳定的生活，可能别人在积攒能量蓄势待发，可能别人热爱着你所看不起的工作，只要心中有激情火花，有匠人心态，不颓丧，不糊弄，都值得尊重。

别因为一个人所从事的职业来给人贴标签、下定义，同一个行业干出不同境界的人多的是。

同样是演员，有像巩俐这种戏骨，开机前会跟着角色类型体悟模仿数月，也有不走心的年轻演员拍戏嚼口香糖、滴眼药水；同样是前台，有礼仪佳、反应快、尊重来访者的企业名片，也有各种不耐烦、冷漠脸、态度很恶劣的公司“门神”。

如果你追求上进，请向每个行业的劳模标兵看齐，寻觅各行各业的懒人刷优越感算不上体面。

不必因为下班打卡晚和城市节奏快就觉得与时俱进，看到朋友圈里的人更拼更累也不必惶惶不安，毕竟自我迭代、内心壮大的进程，是任何人都无法定义的。

无论稳定还是动荡，我都想以自己的节奏，用自己的方式，从容不迫、不慌不忙地坚强着。

有些鸟儿是永远关不住的，因为它的每片羽翼上都沾满了自由的光辉，愿你也是。

宁可孤独终老，也不要凑合将就

你们想过自己可能会孤独终老吗？

虽然以前抽科打诨也自嘲过，可是当我有一天在饭桌上认真提问，朋友也认真回答之后，我觉得这话题真的值得思索。

他的回答是，可能。

是啊，晃荡到奔三的年纪，可能会相扶到老的那个人还是没有出现，未来会不会出现也仍然未知，按照概率来推测，真的有可能孤独终老。

大家都挺着急的，身边大多数人最慢的都开始谈婚论嫁了，也不乏一些已经生了俩娃的辣爸辣妈。跟未婚甚至是单身的朋友们相聚，我总觉得大家头上都笼罩着一层乌云。这片乌云是一种群体性的焦虑，随时可能凝结成泪雨，从每个人的眼中流淌。

有些人等不及了，面对三十岁的关口如临大敌，信誓旦旦说一年内一定拿下婚姻，壮志未酬誓不休。

我的一个姐妹便是，磕磕绊绊这么多年的一场恋爱无疾而终、在顶付着多维度的压力后，终于在相亲大军里厮杀出一条血路，遇到了一个“可以结婚”的男人。

痛饮庆功酒时，她一脸苦相，用她的话说，男朋友无非是个能搭伙过日子的人，各方面条件都很一般，对这个人谈不上喜欢也只是不讨厌，两个人也没什么可以深入交流的话题，只是相处下来觉得对方很老实，岁数都不小了，就当互帮互助解决彼此的难题吧。

用她的话说，凑合过。

我语塞，不知道该恭喜还是沉默。心里有个声音在问，你这么努力变成更好的自己，就是为了找个人将就过一生吗？

从小爸妈教育你五讲四美、尊老爱幼，青春期你的自我意识萌发；别人早恋逃课你仍勤奋读书，到了大学你年年拿奖学金，积极参加社团活动；步入社会后职场上你也从来不输给他人，别人早就庆幸不用再读书了，可是你仍然热爱吸收知识、不断提升自己，你学做饭、你跳健身操、你学化妆，你研究电影、话剧、你热爱旅行，你从没放弃过成为更好的自己，更坚信要创造美好的生活。

你对自己的标准从来都不是将就，对生活的要求也从来没有凑合，可是婚姻大事面前，你低了头，选择一个不爱的人携手一生，午夜梦回你真的甘心吗？

虽然我并不认为你那么努力就是为了找到更好的夫君，可是那么优秀的你难道不值得拥有更好的婚姻、更好的生活吗？

这个更好不一定要量化，不能用对方赚多少钱、住多大的房子、长相几分，等等来衡量。至少是在某个方面你们能有共鸣，在同一水平线上对话和交流。

你热爱小剧场，对方还觉得话剧可以等同为二人转；你说你喜欢日本文化，对方对于日本文化的认知仅仅停留在幼儿园水平；你想跟他在事业上一起进步，对方认为工作就是个赚钱的途径，谈什么自我实现？

我想象不到你们怎样一起生活，在同一屋檐下，人生高度从来不曾拉齐。

我不是嘲讽对方有多么差劲，吹捧你有多么的出类拔萃、高不可攀。只是，各个方面的差异，也许会让你的婚姻连“凑合”都难。

当与这个人准备一起相伴一生的时候，你是否想过除了他能给你婚姻这层法律关系以外，你们能满足彼此什么样的需求？

我不是让你做什么权色交易，只是任何一种关系的本质无非都是满足彼此的需求，互相满足才能联结成一条紧密的纽带。如果有一天不能在婚姻关系里满足与被满足，这条纽带就会松绑、会消失。

也许你说没什么需求，只是因为爱情。可爱情本身也是一种需求，你爱他、他爱你，彼此填补需求的空白。可是如果连爱的需求也没有，那么你这么着急走进婚姻仅仅是因为社会、家庭和内心的压力吗？

你可以暂时掩盖你内心的真实需求，可以压抑、可以延迟满足，但你是否能坚持这样走完一生？

当然，我也并不认为对方应该满足你的一切需求。也许你要求了物质富足，就不得不放松精神上的满足，在某一个方面，你们都需要一种齿轮紧咬的契合度。

在我看来，无法沟通的婚姻只会带来自我贬损的挫败感。除了柴米油盐酱醋茶的琐碎事，如果没有精神上同一频率的交流，不过是一辈子的合法性侣或利益共同体罢了。

我们这一生，遇到受、遇到性都不稀罕，稀罕的是遇到了解。你的审美情趣也好，你的思维逻辑也罢，如果他通通不能理解，即便日夜厮守，也会觉得孤独吧。

我脑海里有那样一幅画面，你在绘声绘色的讲大卫林奇的电影艺术，他在旁边早已入眠打鼾，你精心准备的烛光牛排大餐，他却只是抱怨不如街角那家大碗卤肉。你所营造的所有美好和浪漫，在他的眼里只是平淡无奇甚至是晦涩难懂的累赘。

这真的就是你要的婚姻生活吗？

不论是阳春白雪还是下里巴人，都没有高贵低贱之分，但不是同类，便各自无法入各自的眼。

婚姻里的混搭，和平一时，战乱一世。

也许有人说曲高和寡，难觅琴瑟和鸣，这样的姑娘太难取悦，那便是另一回事了。如果是有意愿为了对方、为了自己、为了婚姻努力营造跟对方同类的境界，自然是极好的。她知道的他不知道，可以学；她要求的他做不到，可以努力；她不喜欢的他还保留的，那可以改变。可问题在于，他真的想过去取悦你吗？

她想聊聊工作的时候，他在一边专注打手机游戏；她想商量休假旅行计划的时候，他眼睛离不开电视直播球赛；她在说过年给父母添置家用的时候，他根本不知道家庭账户上到底有多少存款。

不是你太难取悦，是他根本没从内心想过要怎么取悦你。

也许你觉得这是人生高度的问题，当然不能强求每个人在每个方面都能够跟你保持相当的高度。那是不是还有人生的宽度可以补足或者一起探索？你擅长厨艺他擅长维修、你喜欢浪漫文学他钻研历史纪实，这也不失为一种美满。

可怕的是，他宁愿安于现状，人生单一的只剩一个坐标轴上的点，而你要的是立体、发散的生活状态。

真心想对每一位努力成为更好的自己的人说，与凑合、将就的婚姻相比，自给自足、乐得其所的孤独终老没那么可怕。你所以为的那个最可怕的结果也许都比草率交付自己的一生要好得多，我不是鼓励任何人不婚、单身，只是在做出婚姻的选择前三省吾身，这个人真的是你想要的吗？这个人真的是适合你的吗？这段婚姻你真的慎重吗？

可能我说的都是错的，如果你选择赌就赌一生，那我也为你祈祷，愿你选择的永不过失。如果你要，你会得到。

努力到不用羡慕任何人

前阵子跟朋友吃夜宵，酒足饭饱后我就跟他讲：“你知道人和人之间的差距有多大吗？我高一的时候跟闺蜜出去逛街，闺蜜在coach店门口说这家店的包包我爸让我随便买。

“但你知道吗，我当时没有概念，就觉得这些包包全是‘C’的logo，我都不知道它是奢侈品。”

朋友就感叹：“你看看短短几年发生了什么，现在你也是每天挣钱嚷着买包的人了。”

我说对啊，有什么不好。

回望这几年的成长，竟觉得是有种力量在冥冥之中驱使着我。这种力量，正是被广为诟病的虚荣心。

[1]

我的少女时代并不美好，没有长腿少年，没有好看的衣服，脑子大概也没年级排名总掉不下去的那几个聪明。我在挫败中，一点点熬过本该轻飘飘的十六七岁，一步步在青春这条狭长潮湿的走廊里挪。

我嫉妒总被男生表白的那个女生，我嫉妒数学压轴题永远得满分的那个女生，我还嫉妒拿专柜手提袋当垃圾袋的那个女生。我满脑子都是别人有多好，我悄悄把她们那些了不起的地方记在心上，我告诉自己，喂，有一天你也可以呀。

于是我起早贪黑，发疯似地学；我开始抽空看时尚杂志，至少知道怎样算是穿得好，干净又大方；我不住校，每月没有固定生活费，不好意思张口向家人要，就开始打密密麻麻的文档，投稿挣钱。

人年轻的时候心态的确是狭窄的，说得俗点，也就是“看见别人有，我也想要”，我一无所有，生活也不打算赠送，那好，那我就自己用汗水换吧。

但我不后悔，一点也不。也不遗憾“当时为什么把无忧无虑的日子过得那么苦大仇深”。因为每当我回头看，还真的会渐渐清楚，如果永远对自己满足，大概能活得安稳妥当，但会少了野心，少了生机勃勃的、想去拼的劲头。

前段时间我咨询一个富二代姑娘口红色号的问题，对方认识我很长时间，知道我以前是灰头土脸那种的。我说入了稿费准备买TF，她回过来一串省略号，她说你变了哎，以前你不喜欢这些东西的。

我想她不懂，以前我不是不喜欢。对所有五光十色的东西，作为一个少女很少有不爱的，但以前我没办法拥有它啊。至少现在通过自己的努力，我可以试着，一点点去填满那种，你们说的，“无用的虚荣心”了。

我从不觉得有虚荣心是件彻头彻尾的坏事。

[2]

我们没被分到人生胜利组，有的人根本不care这种不公，那很好，那是大度，是豁达。

但是，我呢，一点也不大度，一点也不豁达。我就是觉得啊，既然总有一个人要赢，总有一个人要在人群里发光，那么，那个人为什么不能是我呢？

人天性中都有懒的成分，有时候“勤勤恳恳建设美好人生”的正能量，还真的比不上一股带着酸气的“凭什么她就可以，凭什么我不行”。而真的是那些嫉妒，是那些“我也要这样”的所谓虚荣心，引领我一步步穿越那片风雨不停的丛林，一步步强大起来的。

如果没有“恨”，恨命运不公平，恨自己不完美，恨别人站得高，我们大概只会原地踏步。忘了在哪里看到的话了，说是人如果过早就满足了自己，必定也走不远。

很多人对虚荣心一顿骂，就拿包来说，世人还是倾向于怀念帆布背包的白纸岁月，总觉得要是年纪轻轻的女孩手里出现了不合身份的贵重，多半都有蹊跷。

我倒想说，其实长大后的女孩子爱包包跟她们小时候爱芭比娃娃、爱粉红色蕾丝裙并没有本质上的区别，不都是想要一点心爱得不得了的东西捧在手里。

都是少女心，但前者不那么好安慰到而已。

[3]

但我绝不是歌颂用非正当手段满足虚荣心的人生。我只是觉得，人的成长都需要动力，要快速成长为优秀的出挑的人，你真的需要一股，远比“但愿”强大得多的力量。

那些惊觉自己原来从未被上苍青睐的黑暗岁月里，推动你前进的，除了鼓励和温暖，还有一股悄悄藏在心底的不服气。

你不服气——凭什么别人有，我就没有？凭什么我做的就没受到承认啊？我也要一眼就被看见，我才不当默默无闻的“黄脸婆”呀。

也要说句，有不服气很好，有追求生活更高处的“虚荣心”也很好，不过求之要有道，因过于渴望而走上歧路，那就是另外一码子事了。

我在上海西南角写稿，想买的衣服和化妆品都是自己挣来的。你要说虚荣心，我承认我有的，因为买回来堆砌的这些东西早就超出实用的范围了。

但我跟那个十六岁的自己很不同了，我依然在感受落差，我依然有很多个不服气的时刻，还会暗暗觉得自己根本就是命很苦。但我没以前那么难过了，我很坦然，我知道怎么安置自己的“虚荣心”

有很从事情都是不公平的，现在是，以后也是。我要不断努力，不断努力，也许直到有一天，再也不用羡慕别人。

与你共勉。

人生每天都会不同

[1]

去年冬天，冷空气格外漫长，我裹在被子里开一盏昏黄的小台灯看《白色流淌一片》，蒋峰写的。一个长春人，写着似乎和“白色”毫无关系的一切。

我太喜欢这本书了，好多人和我一样，对封面上的那句文案念念不忘。

他说：“我二十二岁那年过得并不好，但我不会一生过得都不好。”

看那本书的那几天，我夜夜沉入深重的梦境，梦境里全是自己的二十岁。是的，如果将这句话代入到我的身上，那便是——我二十岁那年过得很不好，但我不会一生过得都不好。

你还记得自己二十岁的时候吗？

我大概永远都不会忘记。

不会忘记自己像溺水的人一样泅渡的经历，不会忘记每一分每一秒被迷茫、困惑和痛苦绑架的光阴。

前天，我发了一篇文章，看到好几条留言里说：“终于不是只有自己在二十岁时过得那么自卑和迷乱了。”还有人说：“我的二十岁也这么糟糕，以后会好吗？”

你看人人都说青春好，可青春的好大概只在于年轻吧。可青春全部的不好一定也在于年轻——贫穷、慌乱又不知所措的年轻。

因为太年轻了，所以任何微妙的、微小的、微不足道的情绪都会变成惊雷，轰隆轰隆，经久不息。你听到别人否定了你，就再也不相信自己的光芒和荣耀。你因为别人不正视你，便轻易地开始怀疑自己。

因为太年轻了，你以为身边相拥之人可以走到永远，可一转身，大家连影子都模糊殆尽，多少轻飘飘的告别就此成了永别，而你从不自知。

也是因为太年轻了，胆怯和畏惧的时日总比勇敢的时日要多，而你明明知道的，人生不应该这么度过。可人生究竟该怎么度过，你又完完全全了无答案。

传说中的“最好的时光”就是这样消磨殆尽的，你慢慢地沉入漩涡中，每一秒都带着挣扎和惶恐。

而最好的时光？——最好的时光好像都只在别人身上。

[2]

四月最晴暖的一天，我出差路过我的研究生时的母校，尽管行程紧促，但仍然以最快的速度在学校里逛了一圈。

每一次旧地重游都是一次回忆里的冒险。

因为上学早，我读研的时候20岁，毕业的时候23岁。回忆起来，20岁那一年全然昏暗无光。

那一年课程无比紧张，几乎全天都在教室里泡着，不是上课就是上自习。数学不好的我被“三高”（高级宏观经济学、高级微观经济学、高级计量经济学）折磨的头痛至极，每一秒钟都想从教室里逃出去。

短暂的寒假里，我在银行实习，日日站在大堂里看着门外的街道。由于修路，天气越晴朗，空气中越灰尘弥漫。我穿着高跟鞋，站得两脚胀痛，小心翼翼地露出笑容应付领导和刁蛮的客户。生活的真相猝不及防地扑向了我，而我毫无准备。

我在那一年里变成了一个“一无是处”的人。

在学校成绩不好，被老师当众批评，在大学四年里辛辛苦苦建立的自信瞬间崩塌成粉末，我才意识到在别人的眼里我简直不如任何人。

实习时业绩不佳，银行的一个正式员工几乎从来都没有用正眼看过我，就连她安排工作都是：“哎，那谁，你过来一下。”

那时好友小煜已经远走美国，另一个好友也远走非洲，我孑然一身走在路上，心中几近空无一物。

20岁时最大的痛苦，除了“一无是处”，还有“无可诉说”。

就像4年之后，我终于能够走在那个校园里向朋友讲述过往的一切，一切当时我羞于启齿，认为所有其他人都那么强大唯独我这么不堪一击的事情。

当年在那么漫长又焦灼的一年里，我假装和他们一样强大，就连笑容都尽我所能地保持露出八颗牙齿。

你无法向任何人诉说，诉说这毫无来路却迟迟不走的一切痛苦。

4年之后，我和朋友走在校园里，它的花开得热烈而灿烂，就像我迟到的最好的时光一样。

我跟朋友说，你看在这间教室里，我被狠狠地训了一顿，在所有人都走了之后一个人边收拾东西边强忍着眼泪，告诉自己哭了就输了，你决不能哭。

我还跟他说，你看在这栋楼上，多少次我站在17楼的窗边，幻想着自己能够像一片羽毛一样飘落。

那个校园好像变了，又好像没变。而事到如今，我终于可以承认，我从来没有爱过它。

我也终于可以承认，我从来不感谢那些痛苦的岁月，只感谢那个一路狂奔终于将痛苦远远甩在身后的自己。

我不爱它，但我爱那个在图书馆的二楼窗边看掉了几百本书的自己，也爱那个在面试前通宵熬夜准备几十个即兴演讲题目的自己。

我的20岁很不好，甚至很糟糕。那一年里，我甚至以为，自己的一生也许永远都不会好了。

但日子还是一天又一天得好了起来。

我遇见了东野圭吾，在八月盛夏，一个人坐在窗边看他的书。他给了我多少充实和快乐，让我多年之后，指着那扇曾经的熟悉的窗，仍然有好多感慨呼之欲出。

我遇见了更多的优秀的导师。苏格拉底曾写过："教育的目的不是灌输，而是点燃火焰。"而我的导师说："我们都应该庆幸自己走入了经济学这个学科，因为它从一开始就揭示了人类生活的本质。"听课的人都目光灼灼，几年之后，我们仍是挚友，紧拉着手走入社会汹涌的潮水中。我们的情意因此而更加珍贵，因为那不是少年时的玩伴，而是成年后的战友。

但我还是心疼那个曾经哭不出来的自己，让我更珍惜如今终于云淡风轻的日子，甚至更珍惜自己对自己的爱。

是的，我终于爱上了自己。不再轻易因为别人的否定就坠入自卑的深渊，挣扎着从一件又一件的小事里寻找光源后的方向。

那天的最后，我重新走入图书馆，看到的是米沃什的诗。

一切都像一场梦境般的隐喻。因为他说："你因梦想而在这个世上受苦，就像一条河流，因云和树的倒影不是云和树而受苦。你爱过，希望过，但没有结果。你追求过而且几乎抓住，但世界比你更快。现在，你终于能见到你的幻影了。"

他还说：“眼泪，眼泪，但是我们后来才哭，在光天化日之下，决不在那个时候。”

[3]

我收到无数的来信，来自二十岁上下的年轻人。

选错了专业，找错了工作，爱错了人。被人轻视，被人忽略，被人弃绝。

要不要远走他乡，要不要回到旧地，要不要和谁谁谁相拥、相恋或者告别。

我知道对于当下的你，每一个问题都那么困顿那么庞大，可是你若能看到我的邮箱里密密麻麻的倾诉，便会知道，日光之下其实全无新事。

我们都在经历的，是大同小异的痛苦，而我只能告诉你——会好的，真的会好起来的。

回顾我过去的三四年，如果非要总结一点经验，如果一定要提供一些方法论的东西，那么大抵有以下几条：

读名人传记，读一切伟大的人的传记，感受他们是如何在漫长的一生中痛苦然后蜕变。随后，想象若你的一生也可以变成一部传记，那么你如今度过的一切不过是一个篇章里面微不足道的一页，甚至一句。眼下的所有不堪，都是未来可以“一笔带过”的事情。你要有宽宏的视角，去学着俯视这渺茫的众生。

找到自己的兴趣，不管这个兴趣是多么微小的东西，钻研它，享受它。如果愿意，要争取一切可能，让它可以带来收入、带来财富。最美好的工作必然是和兴趣相关，这是毋庸置疑的。

远离负能量的源泉，尽可能地远离让你不快乐的人。如果无法远离，就要调整心态。你可是自己故事里的主角啊，千万不要被那些路人甲、乙、丙、丁轻易挫伤和打败。

放下手机，多出门，看花、看草、看天空，看一切开阔的美好的事物。你要发现这世界多么值得深爱。

当然了，最重要的事情还有一件，就是你要非常非常努力，为自己找到出路。出路不是等来的，你要往前走，东西南北，四面八方，能走的路都去试试，总有一条，可以走通。

如果都走不通，那么立地成佛，潜心修炼，修炼学业，修炼职场技能，待到功成，一定有路。

[4]

我20岁那年过得很不好，甚至很糟糕。我质疑这世间所有的爱，却对丑陋和恨意深信不疑。

但后来，一切都好了起来。我甚至很难再对生活绝望，再也不像当年，想从高楼上跃下变成一根羽毛。

那时候，我觉得做羽毛多好，多轻摇和自在，但我如今终于明白了那句话“你要像一只鸟一样轻，而不是一根羽毛。”

是的，我终于变得像一只鸟儿一样轻。它有负重，要在恶劣的风暴中挥展翅膀，但它那么自由，不再心心念念于他人的肯定来印证自我的荣耀，靠自己的翅膀去最想抵达的湖和山海。

《白色流淌一片》里的最后一句，写的是：“从此以后，没有人再见到许佳明”。

也许这就是成长的真相吧——我们原谅了过去一切不可原谅的事物，终于一身轻松，走向远方。

我重新站在四月如水的春夜里，稀薄的月色从紧闭的窗边溜进来，落尽一盏星光。我听到天空在酝酿一场雨，就像我每天都酝酿新的命运一样。

而我只想跟你说，不管你现在是多少岁，不管你现在过得好不好，都一定要相信，我们的一生不会过得都不好。

别急，谁的成功都不是一天就完成的

一个三卷本《平凡的世界》，从人物的童年走到壮年、暮年。悲欢离合着主角的故事，唏嘘感叹着读者的心情。如果从田润叶和孙少安出场的情节起，任谁也无法料想到这个妙龄女子会接受以后残疾的丈夫并安之余生。每一本小说自始至终的读者既是观众，又是书中某个人物的灵魂再现——悸动着对方的悸动，苦难着对方的苦难。我们伴随人物前行的脚步，感受了甜蜜爱情的美好，祭奠了勇敢生命的早逝，体会了成长过程的辛酸。但故事终有一个结局，也许我们也一直在期待结局，不过当结局来临的一刻，在我们心里翻云覆雨的仍是心中主角这坎坷不羁的一生。

虚构的小说尚且如此，真实的人生又怎能例外。

我们生活的这个年代，既能说好，也能说坏。好的是自铁腕人物厉行改革起，物质生活有了极大地丰富，生活方式虽言西化而被诟病，但真真有了大的进步；坏的是，一切向“钱”看的市场经济社会导致了前所未有的精神文化的革命。年轻人的“急不可耐”和这个时代的“俗不可耐”共同构成了一道繁华盛世的靓丽风景。于是，和“五四”仿佛同处一个关口，这风景便引来了无数公知、思想者前赴后继的反思和批判风潮。而处在风潮中的普通人，对于这点大风大浪却早已做到了处变不惊，甚至讽刺意味浓厚地说：精神难抵腹中食，爱情不能当饭吃！

你可以苦笑，但不能否认。

同样的体悟，想必有所经历之人，都能牢骚一二。然而，牢骚可以泄懑，却不能泄惑；抱怨可以解闷，却不能解题。有人说，有价值有意义的途径在于寻求解决之道，然坐而论道易，遍寻解药难。况且，社会风气使然，凡夫俗子谁又能做到独善其身？持此种观点的人也是在被逼无奈中不情愿地做了大多数，甚或再给一个抒情的机会，还可以高呼“有心杀贼，无力回天。”但……贼是谁？所有人云亦云的人可以随声附和，但若将这个字眼抠的一丝不挂，那个赤条条的贼群里面就会赫然发现自己的身影。如果非要找个犯罪动机或主使者的话，我们也只能推脱说这是时代的共谋。

不过，这不应该成为我们束手就缚的借口，它不必要更不充分。因为，总有一些人在踽踽独行中濯清涟而不妖，总有一些人在弥足珍贵的时间中收获了富足。

这些人有很多，只不过今天的主角是周哥。

从毕业算起，应该5年有余了。年轻人不觉时间长，5年却也处在短长之间。当在超市门口，再一次听到周哥熟悉的声音时，某一个瞬间，你会觉得一切还没有消逝，一切却又恍如隔世。迎面走来，周哥微驼的身板仍有几分消瘦，精练的头发顺着棱角分明的脸型勾勒出干练，那副总爱滑落的眼镜时不时透露出儒雅的气息。当这些标志性的符号在你眼眸里再次定位到这个人身上时，你会由衷地感到开心。这次见面，我等好久了。

从北京回来之前，我与周哥在QQ上有过几次闲聊，希望回家后见面一叙。确切地说，周哥应该是周老师，周哥这个称谓是我在心里叫的，只是心口不一罢了。数日之后，列车穿越闪烁的空间，把我从一个城市转移到了另一个城市。星期六的上午，石市迎来了难得的明媚阳光，下了公交打车的期间，周哥说他已经到了。

“上来吧，”周哥爽快地说，“前面还有一大段路，我驮你一段。”走了一段，我也就不再推辞，顺势坐到了后座上。周哥牟足了劲，在保持平衡的同时，试图让电动车加速上路。我小心翼翼地等待左摇右摆状态的结束。突然，周哥停了下来，说没有插钥匙，怪不得电动车不往前走。他熟练地把钥匙插到座位下方的锁孔里，打开了电源。我发愣的瞬间，一下子就被逗的乐不可支。这是一个近不惑之年男子的幽默吗？只是幽默的那么自然，那么真切。就像外露的酒香，至于从哪个空子里钻出来的就显得不那么重要了。

沿着宽阔的大街，身旁车水马龙，我和周哥在阳光的护送下找一家可以喝粥的粥铺。这几日，我胃部偶感不适，昨日还呕吐了半晌。周哥本来说一起吃个混沌，在得知我的情况后，却执意要找一家粥铺。我们去了先前的一家，不巧关门大吉。后来辗转了几条街，才在一条小巷子里落脚。两碗粥，三个包子，一碟花生米，这就是午餐了。本来我原意是想请周哥去吃饭，最起码三菜一汤吧，于礼于节都说得过去。结果，我们坐到了一家粥铺里面。大大的窗户让阳光肆无忌惮地在桌子上奔跑，不得不承认，这还是第一次和周哥面对面坐下来吃饭。

他抑扬顿挫的语调仍旧是那么铿锵，普通话和方言总是分的不那么清楚，不过这并不妨碍他语音的魅力，相反还很让人着迷。和周哥聊天，你会发现他一点都不落伍，他懂得很多新潮的东西，他也很有想法，还想过给校长写制度改革的信，只不过被嫂子以“莫要神经”浇了冷水。听着周哥侃侃而谈，我会不由自主地设想这一情景的发生，于是忍不住哈哈大笑。我笑着周哥的幽默，也笑着他这份不羁的精神。

席间，周哥现在的学生也恰巧来粥铺买东西，这学生虽是男孩但气质和声音却偏向女孩，感叹之余，他还默默地和周哥自拍了合影，加了QQ。我笑称，你还应该叫我师兄呢。男孩生涩地笑了笑，转身跑走了。我戏问周哥，现在男孩是不是都像女孩。只是，突然思维停了下来，说不定当时的我们也像这个孩子似的。今天的口吻，仿佛经历了太上老君的炼丹炉。

饭后，我和周哥推车在路上走。期间，周哥在谈到母亲生病时，颇让人感怀。他不辞辛劳，骑着摩托车，前后跑了多家医院寻诊问药。此后，兄弟二人又在西安的医院为母亲化疗，数月往返医院和学校之间，其奔波之苦和拳拳孝心可见一斑。也许这不是最让人动容的，言辞之外，周哥透露的却是对自己身为班主任而未能兼顾好学生的不满与自责——“家庭和事业都一样重要，只是人到了这个岁数，你就不可能不顾着家。所以，对于你们这届学生，我当时没能够照管好。”时间过了很久，周哥所言让我忆及了往昔，只是他有所不知的是，彼时我们同学对周哥的孝心却是美誉有加而未有一丝抱怨。因为，一个尽心尽力尽孝的人又会有什么值得责备的地方呢？只是那份事到如今的自责却让我们每一个未能体会周哥用意的学生汗颜不已。

也许是年轻时的缘故，如今的周哥快似成了养生专家。他知道中药还是西药对胃部的调理效果，他知道六味地黄丸是补阳还是补阴，他知道艾草熏疗的保养偏方，他知道这个药店的药以前在什么地方。我和周哥一样，身体不怎么好，年龄可以差十几岁，但是不妨碍体重的统一。之后，周哥执意带着我去药店买了两包艾草，说是熏疗穴道可以保养脾胃。我欲推辞，但是周哥的气场却让人没办法推辞。周哥付了钱，递给了我两包艾草，捏在手里，沉甸甸的。

药店正在搞免费听力检测，周哥说老父亲听力不好，于是不忙不慌地去另一个药店做检测。医师问，你年纪轻轻测什么听力，周哥说我经常耳鸣。在隔音的听力测验室里我拍下了这张照片。周哥安静地坐在里面，按照医师的吩咐点击按钮。我拍下照片的时候，真的很想用几个字来形容周哥的状态，想来想去，只找到了两个字眼——专注。

专注的神情让人不心急，因为你知道他做的事情有价值有意义；专注的态度吸引人靠近，因为你知道你就像个铁器站在磁场面前。有时，我总感觉很像很像，在周哥身上总能看到自己的影子。只不过，在人生旅程中，周哥是我的指路人。

在街口分开时，多次招呼过后，周哥骑着电动车缓慢地拐进了北行的桥洞。我情不自禁地在路口驻足了很久，那个身影仿佛停留在了一个凝固的时刻。车站的大门背阳，我溜进厕所躲避大风和阴冷，窗前狠命地抽了几口烟，在烟雾的缭绕中获得了精神上的救赎。

其实，这些再平凡不过的事情在很多人身上都实实在在地发生着，有些人能够自知，有些人却深为苦恼。有些人过了一生，都不知在追寻什么。乔布斯说，“你须寻得所爱。”只是，又有几人懂得所爱就在身边。一辈子千回百转，到头来才发现，原来那个点就停在了最初的地方。站在历史的桥头堡，我们会看到，急躁、不满、功利的戾气像魔鬼一样笼罩了人性的阳面，小小的路才刚刚开始，有些人就已经迫不及待地渴求终点；初生的情感才刚刚萌发，有些人就急切地换防下一座城池。

我们这一代人，逡巡的人生路没有了20世纪的单一，却也不意味着多样。长久以来在世纪账簿中书写的故事，也不是除了达官显贵就是历史英雄。更多更具有普同意义的精神往往在那些平静淡然的心里，不急不躁，不弃不馁。

因为，一切迈向温暖的脚步，都需要深深浅浅的走过；一切手中稳稳的幸福，都需要点点滴滴的累积。

年轻的心，急不得。我们都需要时间，成为更好的人。

选择可能冒险，但努力你能决定

这个周末去H城前，我与海伊打了个电话。好久没有去H城，也很久没有见到H城的海伊。

结婚之后，与许多座城市的朋友开始疏离。虽然保持着一种从婚姻中独立的状态，却又一直兢兢业业地扮演着家庭中作为母亲、妻子的角色。朝九晚五，以及跌跌撞撞。包括海伊，与她也有三个多月没见了。

海伊接起电话，依旧是那个熟悉的口吻：小愚，你到了，我去车站接你，老地方。

去H城见海伊是一种习惯，这个贯穿了我学生时代一直到如今的好友，除了那份舍弃不了的情谊，更有一种对平民英雄的敬意，而这份敬意，就是我一点点看到她活成了自己喜欢的样子。

18岁的时候见到海伊，是一个胖胖的小姑娘。青春期的激素一点也不留情面，让她的身体以及身材都显得臃肿，肉铺铺的脸，以及伸手过来就可以挥动着的臂膀上的肉。还好，笑容证明了她的可爱，见到我的第一句是："你要喝茶吗？我书包里还有一瓶。"那天的天很热，我下意识地以为她是用来解暑的，后来才知道，这是她身材管理中的食物之一。

她也一直直言不讳："我就是想变成一个瘦姑娘。"

我一直有一种认为是，一个能够管理自己体重以及健康的人，一定不会差。饮食上减半，运动上加倍，配合一些茶之类饮料，我就这样在两年后，硬生生地看着海伊从一个只能穿肥大衣服的姑娘，到毕业的时候，可以穿着超短裙，身材窈窕地出现在我的面前。他们班上的同学说：每一个胖姑娘如果能够像海伊一样忍受每个晚上只喝一碗白粥，吃一个鸡蛋，加一根青瓜，再去操场上跑商五圈，不瘦都难。

忘了说，那一年，她拿到了出色的高考成绩单，去了她想去的学校。那时觉得，像海伊这样的姑娘，未来无论如何出色，都不是意外。

和她分隔在不同的城市上大学，与她的联系并没有断。

海伊的家境还不错，父母都是公务员，对于她来说，并没有衣食之忧，她也大可以像许多大学生一样周末睡个懒觉，然后安排一些好玩的娱乐活动。但大一的时候，几乎每个周末，她都会去打一些零工。我可以清楚地报出她做过的许多兼职：促销员、传单派发员、礼仪小姐、会务人员。辛苦的时候，为了50元钱，海伊会从城市的一头赶到另一头去工作，然后附近买个包子充饥。

一个冬天，我到H城找她，原本五点的见面一再延迟，等在小吃店里的我，不停地和老板解释说，快到了，快到了。海伊到的时候，拎着两杯奶茶。她说，她好久没有喝奶茶了，跑了很久的路，却延误了最后一班直达的公交车，舍不得坐出租车，只不得不换乘了许多辆公交才到这里。

她说：“其实我很希望有一天，自己不会再为了一趟出租车的钱思前想后。”

老实说，我一直把海伊当作内心的一个模板，不是为了超越，而是为了让自己变得不那么懒惰。比如有些时候，想到她，就会一不小心从中午11点的被窝中惊醒。大二开始，我开始努力写文章，虽然发表的不如退稿的多。但不得不说，坚持下来，除了从小的那份热爱，还有常常看到她那么努力，自己也不好意思停滞不前。

大学时代，她买了一台单反、一个笔记本，都是打了零工买的。她说，我特别羡慕那些人，通过自己努力，把一张一张人民币，哪怕十元二十元存进银行卡，最后攒了足够的钱，可以实现自己的目标。那种感觉，是与父母一个电话，在银行卡里出现一笔钱的感觉是不一样的。

那时，我想起三毛《送你一匹马》中的一句话：人生一世，也不过是一个又一个二十四小时的叠加，在这样宝贵的光阴里，我必须明白自己的选择。春华秋实，亲爱的海伊，你永远知道自己想要什么。

而我还想说，她的成绩一点都不比别人差，每年的奖学金，也是学生会干部。虽然这在未来并不能给予多大的影响，但至少代表着当时的她也是一个佼佼者。

毕业后，海伊去了一家销售公司。不出意外，家里千万个反对，大抵是因为她的父母认为，女孩子的稳定比一切都重要。海伊也有她的理由：一、她不喜欢二十年甚至三十年永远如一日的薪水，对于她来说，这意味着给自己躲懒有了温床。二、她喜欢在年轻的时候，与形形色色的人去打交道，人脉她自然建立不了，可她希望看看更多人的世界，哪怕听听她们说的胡话。三、公司允诺她如果完成业绩，提成、休假、福利，一个都不会少。

但海伊也说：家里翻了天，你也知道上一代人旱涝保收的思想有多严重，你这个有固定工作的人都快成为我父母心中的模范女儿了。虽然我也很理解他们，他们觉得公司未必真的守信用，所有的承诺未必是真的，而他们也真的很怕我会在委屈之后无处哭。我只能告诉他们，委屈的时候，我还是会回来哭，但我喜欢过自己的日子，你们阻拦不了我。

海伊开始像电视剧里的白领一样，每天蹬着高跟鞋，穿着职业装、涂着淡淡的口红上班；开始在青涩的脸上滚瓜烂熟地背出公司的项目，心里打鼓、嘴上不慌地拿出合同书；开始在一笔一笔单子上写下自己的名字，看到自己的业绩从最后一名慢慢地进了前五。

那一段时间，我去H城，我们不再在小吃店里，为了咖啡的钱，吃完饭，赖在那里说话，而是改去了咖啡屋。我和她开始轮流买单，和她从前希望的一样，除了不会再为出租车钱思前想后，也不会再为几十元的咖啡而花得心痛。

两年后，她凭借自己的业绩买了一辆十万元的车子，也把自己从500元/月的单位宿舍搬到了2000元/月的单身公寓。她做起了许多她曾经想做的事。每个周三去瑜伽馆练瑜伽，让自己不会因为忙碌成为十八岁时候的自己；空闲的周末，与父母去外面旅行，拿着自己的单反，留许多的风景；一个人的晚上，煮奶茶，虽然一遍一遍都试不出理想中的味道，但却每一次都觉得一次一次在变好。

H城的一切扑向我的眼帘，海伊的短信进来了：小愚，已经在2号门出口等你了。白色越野，双跳。

她换车了，在工作的第五年，她成了主管，有了自己的团队，散发着职业的精干，却还是熟悉的笑容。

她是刚下班的，在H城四通八达却无比拥堵的道路上，我们的对白依旧有力。

“如果再给你选择一次，你还会选择现在的生活吗？”她问。

我说：“会。”

“可是，现在的样子，是你喜欢的样子吗？”

我没有回答。我问她：“你呢，现在的样子好像很符合你当初的期待。”

我永远记得她的回答：“最初选择是冒险的，但努力是你自己的。我们总要努力，活成自己喜欢的样子。”

敢于跟自己安于现状的心对抗一下

有个小朋友在公号后台给我留言：

“我是学英语的，感觉自己的专业根本就没有前途，现在拿着各种英语资格证书的人，十个里面起码有三。一点优势也没有，我现在上大二，申请调系的话就要从头开始，虽然感觉浪费了一年半的时间，但是从未来来看的话还算是进步了，你说对吧？求鼓励。”

“那你调系的话要学哪个专业？”我问。

“太理科的肯定不可能，金融啊，国际贸易啊，或者是其他语种也都可以。只要不是这个专业就行了。”

“就没有一个已经确定想要发展的方向吗？”

她很快的回过来几个抓狂的表情，“没有啊，我就是想换个新环境，刺激一下自己上进而已。”

我们聊了一个多小时，末了她说，“其实你并不是我留言的第一个公号，我问了好多人，他们都支持我坚持自己的感觉，勇敢地去做自己啊。”

“你是唯一一个让我放弃这个想法的人。哎！虽然我承认你说的都对，但是你知道吗？姐姐你真的一点也不酷。”

一点也……不酷吗？

当然，在这个人人标榜个性宣扬梦想，鼓励放手一搏，提倡跟着感觉走的时候。所有的理智都像是一盆兜头而下的冷水，都像是万花丛中碍眼的荆棘。

我曾经有过一位朋友，我们相遇到一场有关职业发展的讲座上。

回程的路上同车，她一路大吐苦水："你不知道在公司做行政岗多没意思，多没前途，整天就是整理整理文件，帮老板送个文件啊，签个字什么的，每天的日子像是模子里刻出来的。每天的生活都没新意也没激情，真无聊。"

那时候我还年轻不懂事，顺着她的话茬接下去，"那就换一份工作呗，给自己一个新的开始。"

"你果然也是这么想"，她猛地侧过身来握住我的手，"原来不只是我一个人有这个念头。"

下车之后我们交换了微信，没过两周，就看到她的朋友圈更新了一条：

"换一份工作真的好像脱胎换骨一样爽，新职位我来啦。"配上一杯浓浓的咖啡，和兴高采烈的剪刀手。

刚开始的那一段时间，几乎每一天都会被她发的朋友圈刷屏，阳台上的一株多肉长出了新芽，公司老总讲话的PPT，自己重拾英语每一天的打卡，每天的运动记录，等等，正能量满满爆棚。

我以为她做出的是正确的选择。

直到约半年之后她约我吃饭，茶过三巡后对我说："我下周就要离开这里去上海工作了，不一定什么时候回来，也不一定会回来。"

"调岗吗？今后还回不回来？"

"不是调岗，是我又换工作啦。现在这份工作对我已经没什么新鲜感了，想要换个新的环境重新开始。"她说，"你也知道我中文系毕业的，又没有什么其他的技能和特长，在一个岗位上做久了，真的很无聊。"

她就这样离开了，去了上海，又换了好几份工作，每一份都是边缘岗，每一份都不超过一年。

她在群里说，“感觉自己好失败，比我还小两岁的小朋友都是我的上司，而我什么都没有，什么都不是。”

那是第一次，我意识到自己给出的“那就跳槽啊”建议，可能是一个无比错误的选择。

无力感，大概是无关年龄，每个人都无法逃脱的一种感觉吧。

像个被关在玻璃瓶里的小虫，无力地往四面八方去试探，觉得一切都有可能，一切都没出路。

一段内容固定的工作，一个前途并不明朗的专业，一个相处了太久的恋人。那样倦怠的，无聊的，稳定的日复一日。

我们太容易被无力感捕获，也太容易为自己的无力感臆想出一个出口：推翻重来就好了吧。

王小波在《黄金时代》写过这样的一段话：

“自我摧毁是有快感的。所有的下坠行为都伴随着快感，摔破一个罐子，与长时间塑造和建设一个罐子，前者让你享受到更为强大的自我妄想。”

而“重新开始”这四个字，则蕴含着摧毁和塑造的双重魔力。它太轻易就让我们看到一个未知的，新鲜的，触手可及的世界，迫不及待地推倒我们以为的，生活的高墙，脚步匆匆地向着新的世界出发，以为只要到了新的大陆，一切都会自己好起来的。

可是走到了之后很快又会倦怠，所以只能通过反复而无用的“重启”，为自己枯燥单一的生活注入新鲜感。

掌控自己的生活，从来都不需要重新开始的。

一个人的生活真的会被专业捆绑吗？大学时代大把的资源和闲散时光，你真的利用了吗？

那么多可以去自学的技能，比如语言，比如PS，比如新媒体运营的技巧，比如财务的基本知识，你真的想过去学吗？

一个相处了太久的恋人真的会无趣吗？会被日复一日的柴米油盐从五彩斑斓打磨成黯淡的灰色吗？

还是因为，是你从来都没有一颗能够发掘趣味的心呢？当来自外界的强力刺激感褪去，无论跟谁在一起你都会觉得无聊呢？

我们总急着逃离生活，却被自己的心困于高墙之中。

我曾经有一位女友，在一家连锁酒店做着最基础的前台，一做就是3年，当我们都以为她已经被磨平了斗志，准备在这个岗位上老死的时候，听说她一举应聘上行政经理职位的好消息。

聚会的时候大家纷纷打探她的“逆袭史”，她笑容温和眼神淡定，

“其实真的没什么，我每天都在偷师我们的经理是怎么待人处事的，怎么处理员工之间的纠纷，怎么平衡各个人的工作量，怎么协调各部门的需求和关系。”

她露出一个狡黠的微笑，“这个工作唯一的好处，就是我的座位正对着她的办公室，而她讲话声音超大还总是不关门。”

她说得轻描淡写，我却知道她付出的远比说出口的更多。

她曾经让我推荐的英语学习班，每一个周末风雨无阻的都去上课，她曾经拖着我逛书店买下厚厚的一本本有关管理的书籍，每一本都翻得烂熟。她曾经为了将酒店的工作服穿的好看，逼着自己减重了二十多斤。

或许这才是逃离无力感最正确的方式，不是不顾一切地全盘推翻，也不是一味地称“追梦”而轻易将生活格式化重头来过。

我们需要逃离的从来都不是生活本身，而是自己安于现状，抗拒改变的心智模式。

摆脱不了这种模式的人会一辈子被无力感追捕，东奔西跑疲于奔命，或

是干脆抹杀掉自己想要上进的一点点斗志，安于做无力感的猎物，身体活了一大把年龄，心却早已死在了二十多岁的当口。

去“挖生活的墙角”吧，为自己的不安，颓废，无聊，迷茫寻找一条出路，让生活更充实一点，有趣一点。

跟自己的心对抗过，才是我们真正生活过的证明啊。

创造出属于你的成绩，然后与众不同

在工作中，真正的聪明人和普通人的根本区别，并非在于是否博学或者阅历是否丰富，而更多地在于他们的思维方式有差距。

那么怎样更进一步，做到从普通人中脱颖而出呢？

读这篇文章之前，笔者先声明一点，这里所说的从普通人中脱颖而出，指的是成为人群中的优秀者，如果是想一夜爆红，只为吸引眼球的话，可以向地铁鸡爪女请教。

[我的生活里我是主角]

小君是我的大学同学。毕业后，踏进金融圈，痴迷于股票研究，零基础开始，读了大量财经方面的专著，上培训班，跑证券市场，研究K线图，发表了很多关于股票研究的文章，在网上积累了不少粉丝，短短一年时间在圈里已经算小有名气。

很多朋友，同学都知道他的名号，找他推荐股票。并且大家跟着他的指导，赚了不少钱。他在这过程中也找到了自己的价值，俨然成了专家。

一传十，十传百，很多人对他都到了顶礼膜拜的地步，私下都称他股神。他飘飘然。

毕竟在这圈里混的时间短，在他号召大家积极买进的时候，股市去杠杆，急转直下，他也没有意识到危机，仍然号召抄底。

最终，庞大的粉丝群亏损严重，网上骂声一片。讨伐他的负面文章一篇接一篇。小君受不了压力，封了所有网络账号，从证券公司辞职，发誓不再研究股票。

我们在提升自己的过程中，难免会遇到很多挫折，这些挫折大多来自外界的评价，谩骂，或者嘲讽，因为这些，我们改变我们的初衷，放弃自己很久的积累，寻找他路，必然需要重新开始。

成长为出类拔萃都不是一帆风顺的，我们是自己命运的主人，是自己灵魂的舵手，风浪再大，不忘初心，要做生活的主角，对别人的评价要去其糟粕，吸取教训，勇敢前行。

[要想改变世界，首先改变自己]

有一次去听时间管理的课程，一个女孩向老师提问："我现在上下班坐公交车路上要花费2个小时，我想利用这两个小时阅读，车子摇晃，人也多，无法专心。考虑自己开车节省时间，可是嫌累。也不能搬家，而且我很喜欢目前的工作，不愿离职，我怎么才能省下这两个小时呢？"

老师说："时间管理首先就是要知道哪些是可控的，哪些是不可控的。公交车上环境不可控，那可控的就是搬家或换工作。"

女孩说："可我不想搬家，也不愿换工作啊！"

老师说："那你可以试着少睡两个小时，好好利用这段时间，然后车上补觉。"

女孩又说："我已经习惯了睡眠时间，改变过来会不习惯。"

老师无奈地说："所有的可控性都不愿改变，那只能照旧了。"

我们从孩提时期到成人，一直都处在改变中，没有那个人能用儿童时期获得的经验生活到现在。唯有一种人可以，就是先天智障。在改变中有些人越来越卓越，有些人越来越普通。所以改变自己旧有的习惯，遇见未来更好的那个自己是最紧要的。

[战胜自己，跟自己死磕到底]

这一点是所有从普通到优秀里最核心的一点，包含两层意思，一是虐心，二是坚持。

战胜普通的自己，战胜的是什么？懒惰，舒适，安逸，和局限。

人都有惰性，喜欢舒适，安逸。同时人又有理性思考，在追求优秀的道路上，必然是勤奋与惰性的较量，所以当你想懒惰的时候，记住温水里的青蛙早晚会熟的。你不勤奋怎么比别人强。

而战胜自己最困难的是战胜自己的局限。我妈妈是个朴实的农民，家里条件不好，生活一直很拮据。考上大学后，我想买台电脑。她就从存折上取了5000块，陪我一起到科技市场选笔记本电脑。转了半天，看了很多。价格从2000多的到上万的都有。我知道家里困难，妈妈身上钱也不多，就要求买2000多的。

最后妈妈给我买了4999的笔记本。我心里在滴血。虽然抱着梦寐以求的电脑，但是高兴不起来。妈妈看出我的不悦。她告诉我："在我们条件允许的情况下，就要买最贵的。"

虽然她没有告诉我其中的道理，但是那台电脑的确陪伴我了好多年，到现在虽然配置有点落后，但是始终没有什么毛病出现。这就是战胜没钱时候的局限。

在做选择，或者决策的时候，抑或在做某件事件的时候，你的决定最好是虐心的。为什么会虐心，因为你还很普通，思维是有局限的。就像某场自己什么都不会的考试，AB项，选择自己认为不像答案的那个，往往正确率会高一点。

我们之所以普通，就是因为随了自己。只有通过不断的坚持，将虐心的状态变成了舒适，习惯了，那么你就优秀了，不再普通。坚持早起写作，坚持定时学英语，起初都不会太顺你的意。

[不要把生命浪费在思考别人上]

世界上没有两片完全一样的树叶，也没有两个完全一样的人生。如果一个人总是在思考别人，那他肯定没有多少时间来思考自己的问题。

诸如现在的手机，总有很多人，早上醒来第一件事就是打开手机朋友圈，看别人发了什么动态，昨晚吃了什么大餐，某某去了什么地方游玩。工作时还不忘随时注意手机的声响，总怕错过了什么。窥探别人的生活成了自己的日常必修课。

我很少发现真正优秀的人会整天八卦别人的生活。大多精力都是关注自己，审视自己每日所得，即使手机不离手，也是在用手机阅读自己感兴趣的电子书，或者在码自己的文章。同样是在玩手机，有些已经利用手机写出了自己的第一本书，而有些人，呵呵……

[特立独行，做独一无二的你]

要记住你是这个世界的奇迹，你有上天赋予你的独特天赋。如果你说没有，那只是你还没有发现。不必要浪费太多的精力在模仿他人身上，而忽视了如何利用自己身上的潜能。

任何重大成果都是由特立独行的性格造就而成的，想想苹果教父乔布斯，如果你想成为这样的人，你必须明白一点，与别人过分一致，是无法取得真正的成功的。

多数人都力图和周围人保持一致，而不愿意从普通人中脱颖而出。因为枪打出头鸟的局限始终纠缠着你的内心，让你不愿做出改变，抑或从众心理让你成为泛泛之辈，对外界没有丝毫影响。

运用你的技能，同时保持自我，展现出你的独特性，那么就能创造出属于你的成绩，与众不同。

其实你最不缺的就是时间

收到很多年轻朋友的留言，诸多困惑，也诸多疑问。在此撰写一文，权作过来大哥的忠告。

先说说才华这件事情。我相信人与生俱来，就具备了某一种才华。米开朗基罗说：“塑像本来就在石头里，我只是把不要的部分去掉。”这个塑像对每个人来说就是你的天赋与才华，而需要去除的是外界的期望和自身的浮躁。这把雕刻的凿子是时间和反省，若经常反省叩问内心，那么雕出这个雕像的时间就越短。可惜的是，大部分人把时间用在了寻找各种装饰品，来粉饰自己以为丑陋的石头。

才华就是，你做一件事明显强于别人，投入其中获得最大的愉悦感。我曾经以为我儿子没有任何才华，参加了各种兴趣班貌似也没有开发出什么天赋，直到有一天幼儿园的老师跟我说：“您儿子是不是有些话痨的症状？”我才知道我儿子的天赋在此，话多。他其他方面都不擅长，就擅长说话，所以，他就可以做一名很好的领导。呃……

既然每个人都有自己的才华，所以你也没有必要，恃才傲物。自己名牌大学毕业也好，自己爸爸厉害也罢，这些都不是用来显摆的资本，一个人存在的理由，不是去打败别人，而是让自己的才华得到展示，并享受其中。

当然，我知道你们都很有才华。所以应该可以读得懂，我接下来要跟你谈另外五件重要的事情。

[1. 把时间用在成长上]

成长的形式多种多样，包括读书、旅行与思考，等等，甚至也包括失恋。生活从来不是一条平坦之路，而所有经历的，都是成长的机会。不管处境如何，积累自己并让自己成长总是没错。或博览群书思辨而形成自己的知识体系，或训练自己的技能成为专业高手，这些积累会让你的生命变得有厚度。等到被机会选中那刻，自己已经做好了充分的准备，然后开始一点一点释放自己的能量。如没有这个积累，哪怕走运也不过是昙花一现，因为根本没有可以透支的资本。

所以工作中不懂的事情就去问，问完了就懂了。英语不好尽管去说，不必在乎语法甚至发音，别人连猜带蒙明白就好了，时间久了自己水平就上去了。人活着脸皮就要厚点，这也不好意思，那也不好意思，那你怎么好意思活着呢？出错了出丑了一笑而过，有什么好怕的？当你对这个世界好意思的时候，成长才会与日俱增。

成长不仅包括主动的学习，还包括挫败后的反思。而且这个我认为还蛮重要的，在学校老师教的基本上都是如何让你去成功，却极少告诉你，如何去面对失败。

对待失败，你即使肠子悔青了它也发生了，抓狂、焦虑、悔恨、尴尬，不管何种情绪，事情都已经发生了。不必把自己看得那么重，没人那么在乎你的。这么一想或许就通了，自己认为天大的事，在别人眼中或许根本不值一提，其实放不下的只有自己。发生了，接受，接下来，面对，勇敢面对了，也就成长了。

一个人真正的强大，不是忍辱负重，而是面对所有问题，然后从中学习，而后变得更有力。这就是“每个不能打败我的事件，都会把我变得更加璀璨”的意思。

[2. 守住自己的底线]

你走过的每一步，都会留下痕迹，哪怕别人不以为意，自己也要恪守原则与底线。有人跟我说："我的底线，就是没有底线。"这样的人，因为没有底线，所以什么事情都会做得出来。

我记得《铁拳男人》里的一个场景，主人公詹姆斯家穷困潦倒，儿子从肉店偷了一块肉给快要饿死的妹妹吃，詹姆斯回家后，把儿子带回肉店还回去，并且在街上跟儿子说："咱们是很穷，但是不能偷东西。"这就是价值观的底线教育，与其让孩子变成一个多么成功的人，不如让他学习做人最基本的底线，这样才不会害了孩子。

做个有底线的人，比如不能犯的错，就是不能犯，不管多么的诱惑；不能答应的事情，就是不能答应，不管多么的纠缠；不能拿的钱，就是不能拿，不管你多么缺钱，拿了，怕是你再也无法挺起腰板。

比如对待朋友我的底线有四个：私下聚会聊天酒桌说的话未经同意绝不公开，此所谓君子把欢，信任优先。对方不愿意说的事绝不打探，比如隐私，此所谓君子相交，尊重底线。任何情况，不背后落井下石，此所谓君子不见，不论长短。如果决定不再来往，好聚好散，不恶言相向，此所谓君子绝交，不出恶言。

[3. 处理好与金钱的关系]

我知道，你可能很缺钱，其实这事我告诉你个真相，每个人都觉得自己缺钱，哪怕他是王思聪。只不过有钱人缺大钱，没钱人却小钱，但终归都缺。

那么如何看待金钱呢，我分享下我自己的看法。

我觉得金钱应该是人生的副产品，而不应该成为主业。比如你从事艺术活动，最终获得认可得到金钱的回报。比如你从事某种职业，付出劳动得到金钱的回报。金钱成为一种激励，一种对你付出认可的回报。

但如果倒过来，把追求金钱当作主业，就会斤斤计较，每天患得患失，最终失去生活所有的乐趣。追逐金钱本身并没有错，错在把追逐金钱当作自己生命的唯一。所以适当的时候，也要给别人发红包，不要总是默默无闻的低头抢红包。

生命最重要的在于体验，体验的越多，意义就越丰富。而金钱的邪恶之处在于，让你忽略体验的过程，只关注回报。你还年轻，不要一头扎到钱眼里，它虽然很重要，却绝非你一生的追求，也不该成为你一生的追求。

[4. 爱情，并不是生命的唯一]

生活有很多组成部分，比如旅行、读书、音乐、交友、运动、发呆、发困……没必要把爱情当作唯一的选项，否则就会变得敏感脆弱，自己情绪多变的同时，也给对方带去很大的压力，最终使得一份轻松愉悦的感情，因不堪重负而土崩瓦解。失之东隅收之桑榆，始终从生命中找到自己，才不会迷失在爱情中。

有一份从一而终的爱情，当然是不错，但这事就像开咖啡店，梦想总是美好的，充满浪漫与情趣。现实总是残酷的，经营好的还真不多。

我曾经看到一个女孩好像失恋了，就发了一条微博：我得不到，我就毁掉。我只有亡夫，没有前夫。呃，好像要出人命的感觉。

若你失恋了就记得，人生中的每一步都自有原因，当你回首往事，所有所谓的挫折，失败，委屈，失恋，叠加起来，把你推到今天这个位置，差一点都不行。过往的，都是最好的安排。而今天所有你经历的一切，都会把你推到未来的某个幸福时刻。今天面对的，都是通往未来最好的历练。当你站在山顶回首来时路，就发现每步自有用意。

[5. 想到了就去做吧]

你读了一万遍《葵花宝典》，你不挥刀自宫还是练不成。你知道一万条爱情理论，你不去真正爱一个人，你依然不知道其中的甜蜜或者是心酸。人生有两个方向：一个是不断向内感悟，一个是不断向外实践。实践脱离了感悟那就成了僵尸；感悟脱离了实践那就成了植物人。所以，必须要经常“植物大战僵尸”。

王阳明老先生说过，知行合一。知道不行动，就是不知道。有些年轻人跟我说：万一失败了呢?

那就重新来过呗，反正你才二十岁，最不缺少的，就是时间。

这世界从来不缺想法，不缺梦想，也不缺计划，而是缺少行动。计划了很久早上早起锻炼，在被窝里总可以找到理由放弃。梦想了很久成为福布斯富豪排行榜前十，在生活中却总陷入斤斤计较思前顾后只剩下儿女情长。有梦想就去追啊，藏起来又生不出小的。迈出哪怕一小步，对于梦想与现实来说也是一大步。

比如起床吧，起床这种事情在起床前是无比艰难的，思考着各种起床技术，想着生活如此艰辛，幻想着各种不起床的可能。但只要一咬牙坐起来，各种艰辛立刻成为云烟，起来了也就起来了。创业、结婚、面试、辞职……大致都是如此过程，发生了，也就发生了。人都是被自己吓死的，其实只要选择开始，一切就会顺其自然。

以上这些就是我对二十岁左右年轻人的建议，你知道，我年轻的时候，最大的遗憾，就是没人跟我讲这些……

越努力才能越不害怕可能会输

人生要么先难后易，

要么先易后难。

不要等到真正困难的时候，

才想到要努力。

你足够强大，才能随时掌控自己的人生

今早，央视著名主持人张泉灵发了一条长微博，题目名为《生命的后半段》。她用这篇文章表明了自己的态度——跳出的“鱼缸”不是体制，而是思维模式。不仅仅是张泉灵，山东济宁市前市长梅永红于近日辞职，今日上午，华大基因宣布，梅永红将加入华大基因，并出任深圳国家基因库负责人。42岁的张泉灵、50岁的梅永红，他们会毅然决然让自己生命的后半段从头开始，不仅仅是因为有勇气，更是因为他们有随时可以离开的能力。

“生命的后半段，是否来得及从头来过。

“从头来过不是否定，是敢放下。最难放下的还不是名利，不是习惯的生活方式，而是思维模式。我想，我做好了准备，放下，再开始一次。

“我今年42岁，1997年来到中央电视台至今也有18年了。人生从哪个角度算都过了一半。一切都算顺利。按通常的视角，功成名就。按通常的规划，还是最好的新闻平台，还是最好的位置，还有很多事可以做。初心其实未改。我的初心就是满足好奇心和不止于独善其身。

“决心改变起源是虚惊一场。简单说，年初天天咳血以致医生怀疑我肺癌。排除了之后，倒促成了我换个角度去思考我的人生。如果，人生停在这里我并不遗憾，那么如果它还可以延续一倍的话，我应该用什么来填充它。我的好奇心应该投向哪里。

“其实，从去年开始，我就开始特别关注互联网。我开始慢慢理解一些全新的逻辑和想法。比如羊毛可以出在猪身上，而狗死了——一些针对出租车司机的电台节目收听率下降，完全不是因为有更好的节目出现了，而是司机都在用滴滴接单就不听广播了。很像《三体》里，一句无情的话，我消灭你，和你无关。

“总之，这是另外一个世界，不是我积累了多年的知识和逻辑可以解释的。而它，毫无疑问在渗透进我习惯的生活的方方面面。

“我开始有一种恐惧。世界正在翻页，而如果我不够好奇和好学，我会像一只蚂蚁被压在过去的一页里，似乎看见的还是那样的天和地，那些字。而真的世界和你无关。

“有一天，我看见了一篇霍金和加州理工学院的理论物理学家莱昂纳德·蒙罗蒂诺合写的文章。文章的开头描述了这样的一种场景。一群金鱼被养在圆形玻璃鱼缸里，他们看到的世界和我们所处的世界，哪个更真实？在金鱼的世界里，由于光在进入水时发生了折射，在我们看来做直线运动的一个不受外力影响的物体，在金鱼的眼中就是沿着曲线运动的。而如果金鱼足够聪明，那么，金鱼也可以在他们的世界里总结出一套物理学规律。虽然，这样的规律对于金鱼缸外的我们来说，根本就是胡说。但是，问题来了，我们怎么知道，我们不在一个更大的我们没有观察到的圆形金鱼缸里呢？

“其实，人生时不时地是被困在玻璃缸里的，久了便习惯了一种自圆其说的逻辑，高级的还能形成理论和实践上的自洽。从职业到情感，从人生规划到思维模式，无不如此。

“我突然觉得，如果好奇心已经在鱼缸外，身体还留在鱼缸内，心会混乱吧。我开始问自己一个问题，我是否要离开我工作了18年的央视，去换一种视角看世界？

“这时候，猎豹的CEO傅盛带我见到了一批中国和美国的创业者们，全新的思维方式，最前沿的想法，年轻的活力，尽管不成熟却一直向前冲的动力。他们像一群新世界的侦察兵，他们是未来。

“多想，把他们记录下来。

“多想，可以和他们一起成长。

“这需要我重新建立一种更开放的学习心态，也需要一猛子扎下去的时间和精力。无论如何都不是，隔着玻璃可以完成的。

“而跳出鱼缸，跳出自己习惯的环境，跳出自己擅长的事情，其实是需要勇气的。

“而我，是否要去冒这个险？在我已经42岁的时候。

“美国著名的投资人格雷厄姆认为，最适合创业的年龄在25岁。因为25岁时，人们拥有“精力、贫穷、无根、同窗和无知”的武器。这里的无知是创业者们根本不知道创业的前途有多么艰难，因而无所畏惧。而我，既没有25岁的熬夜能力，也没有随时把所有东西打包就能搬家走人的方便。

“事实上我第一次提出要离开的时候，那些爱我的而企图保护我的人，都在坚决地说不。在这个年纪，从婚姻的角度，什么决定，都得是两个人的接受而不是一个人的痛快。和那些多年来给我机会给我指点的师长们谈起改变也总有一种内疚，说好的体制内宝贵的坚持，我没有走到底。

“我唯一拥有的就是我的好奇，在42岁还有的好奇。艰苦的挣扎也没有磨蚀的好奇。幸好，爱我的人只是因为想保护而阻拦，他们终究是爱我的，知道于我，浇灭好奇心，无异于谋杀。

“我要跳出去的鱼缸，不是央视，不是体制，而是我已经在慢慢凝固的思维模式。

“我没有说服他们，甚至没有说服自己，这一步的跳出去我是安全的。最早离开海洋的生物，一定有一大批在肺进化完全之前灭绝。既然，我已经做好了准备放下，失败又如何，不过是另一次开始。

“人生最宝贵的是时间。

“42岁虽然没有了25岁的优势，可是再不开始就43了。其实，只要好奇和勇气还在那里，什么时候开始都来得及。

“所以，这就是我新的开始，紫牛基金的合伙人。而紫牛基金本身也会以创投界一种全新的方式起步。

“希望，路上有你，同行。”

2015年，在法检的朋友圈里最流行的帖子就是关于司改吐槽的帖子了，很多人看了之后会说，既然说了那么多，感觉那么糟，为什么还不见你们辞职，都还在自己的岗位上做得好好的。你看，其实一句话就能堵得你觉得自己竟然无言以对。其实你自己知道，在体制内“舒服”了太久的你，已经失去了随时离开的能力，因为你知道就算离开，你也不会过得比现在更好，起码，体制内，有旱涝保收的稳定。

中午和几位都曾参加过选调的朋友一起吃饭，聊起过往和现在。也许现在依然有诸多的不如意，但比起从前，总归是好上很多。大家都是从遥远的地方换了一个地方重新开始，都吃过苦，都从很低的平台起步。同时，也都很努力，所以，才能在不如意的时候离开，去自己想去的地方，过自己想过的生活。

我不是教你们不安分，更不是教你们都辞职。毕竟，能做自己喜欢的工作不容易，我们都是有理想的好青年。但，既然是有理想的好青年，就真的别在意那些让你变得虚伪、窝囊的玩意，做你喜欢做的事，说你想说的话，过你想过的日子，做一个无欲又有趣又节操又性格的人，别把自己的命运寄托到其他人的手里。

当然，前提是，你有随时可以离开而且离开以后比现在过得更好的能力。

你太弱，就别怪强者对你视若无睹

仿佛一个人一旦优秀到了某种程度，就会给大家留下高高在上、爱答不理的形象。

H就扮演者这样的角色，作为我的直系学姐，她各方面都无可挑剔，仿佛浑身上下都找不到弱点。她也顺理成章地成为学校的风云人物，大学期间就参加过数家500强公司的实习，毕业后更是到了一家全球top3的咨询公司就职。

但与此同时，H在同学们眼中的形象却并非那么完美无缺，“高冷”是她留给大家一以贯之的印象。

同学们的抱怨不一而足。

“我求助H一个问题，她留给我一个网盘链接就没有下文了，继续追问她更是爱答不理。”

“我听说她来南京出差，好心好意想请她吃顿饭探讨下人生，可她死活都没有时间。”

“我们学生会想请她开一个经验交流会，她总是百般推脱，真是喜欢摆臭架子。”

因为我一心想做一只广告狗，对咨询这等高大上的行业并不感冒，因此并没有想与H扯上联系。但这个暑假，当我来上海实习时，却突然收到H的好友申请：你是某某吧，我是H，有一些文案策划的问题想请教你。

H听闻我在文案策划方面小有名气，便通过另一个学姐要到我的联系方式。

受宠若惊的我，却渐渐被她提供的案例拿住了魂。这个极具挑战性的任务，让我突破了原有的思想桎梏，从不同的角度切入提出了几个方案，并诚惶诚恐地交给了H。

H当即就表示了感谢，一周后，她提出请我吃饭作为回报。

"高冷"学姐的邀约，自是无法拒绝，我立即欣然应允。

赴约之前，我已经做好了冷场的准备，毕竟H的冷若冰霜已闻名全校。但约会伊始，H却率先打开了话茬："你的几个切入点都很nice，但有些实际操作起来是有风险的……"我们先就方案进行详尽的讨论，令我意想不到的是，主攻金融咨询的H，竟然在品牌推广方面也能与我对答如流。

在接下来的约会中，我竟然与H谈笑风生，从市场定位到品牌策略，从营销案例到西欧文学，我从未想到我俩有如此多的共同话题。而当我就目前的状况提出困惑时，H也根据自己的经验和见识，事无巨细地进行解答。

这还是那个高贵冷艳的H吗？当我满腹狐疑的神情溢于言表时，聪明的H看出了我的疑惑：

"我明白你在奇怪什么，但有时候真的不是我冷漠，是他们的问题和要求实在太低级。"

"哦，这个怎么讲？"

"有一个学妹，向我讨教求职干货，我把我整理的所有途径和面经都放到网盘里给她了，我整理了整整两个晚上啊。后来，她居然问我一条五百强的面试逻辑题，这明明百度一下两三秒就能解决的问题，何必兴师动众地来问我呢？想测试我的智商？这也太荒谬了吧。"

"的确是，非常令人无语啊。"

“还有一个学弟，有一次经验交流会上加了我微信，之后就一直缠着我聊一些二次元的东西，我不理他把，他还得寸进尺了，非要邀请我一起吃饭看电影。你说，我凭什么答应这些无理取闹的要求啊？”

尽管H极力收敛住情感，但是我还是能感到她的满怀愤懑。

“我出差一趟，要见客户，做访谈，搜集数据，要跟老同学聚会，哪有时间去搭理不相干的人呢？何况，和他们的交谈完全是驴唇不对马嘴，就像操着无法融通的语言，根本谈不到一块去。”

我可以脑补H不堪回首的那些场景：

当H谈起香奈儿的品牌策略时，某学妹在极力夸耀男朋友给她买的名牌挎包；当H说起英雄联盟的推广方式时，某学弟在滔滔不绝他的超神经历；当H提到优衣库试衣间背后的营销逻辑时，某男在一脸猥琐地复述着视频细节；……

同一个层次上与己相去甚远的人交流，这简直是一件毁尸灭迹的灾难。

同样，和一个各方各面都超出自己太多的人交往，除了体会到一无是处的羞耻感，和在外吹嘘的资本，所获得的也是微不足道。

如果把一个人的交往分成浅层次和深层次。浅层次的交往可能只是囿于脸面和礼貌，即使所处的层次大相径庭，蜻蜓点水般地点头之交也不会使人厌烦；但当一个人想要开展深层次的交往时，回报率和愉悦感是他最看重的因素，而这两个因素，也往往在层次相同或相近的人群中才能满足。

最好的交往，是势均力敌。双方处于相同或相近的层次，就有了相同的话题和意义区间，那种如获知己的愉悦感也会油然而生。而与之同时，资源的交换和共享也能有条不紊地进行，没有人只索取不付出，也没有人只付出不索取，彼此提供的资源对方也有能力将其为己所用，这种健康的机制和环境，对关系的延续和发展也是大有裨益。

所以，当“大牛们”对你视若无睹时，不要指责他们的冷漠，也许只是你自己太弱而已。

少年们，努力爬到更高的地方去吧！

不要等到真正困难的时候，才想到要努力

很多年轻姑娘说，她们在大学里的时候，认真努力读书，积极参加各种活动，觉得生活有很多意义。

可一毕业，突然就不知道该怎么活，该往哪里去了，自己都变成了一个不认识自己的懒人。

你不是懒，你只是还没找到自己努力的动机是什么。

我认识的一个姑娘小依，对钱没什么概念，经常说的话是："我对赚钱没概念，我对名牌也无所谓。"

她既不热衷社交，也不做职业规划。对于爱情，她也很迷茫，男朋友无功无过，食之无味，弃之可惜。后来，B终于意识到，这种人生状态或许是有问题的。事发原因，是她刷了男友的卡，买了一件很贵的衣服，回家后，男朋友假装无事。

可是吵架的时候，这件事立即被翻了出来，男朋友理直气壮地说她是个虚荣的女人，而她无言以对，只好摔门出去。那一刻，她突然有了努力的动机。只是这个动机，很快就又被生活的柴米油盐磨灭了，很快她就乖乖回去跟男朋友妥协。

我问她，为什么呢？你当时不是气的发誓要好好努力，让你男朋友看看吗？

她说，每当她想再努力一点的时候，就会想起——

父母总是说别人家的孩子，如何的聪明，如何的厉害，而她永远不可能

变成那样。

父母总是会跟她说：靠你的能力，也买不起一套房，回来找个工作，压力不用那么大。

父母总是不停说：女孩子早点嫁人才是正经事，现在这个男朋友不错啊，就你这条件，还想找个什么样的？

每当她想努力变美的时候，就会想起——

她十几岁的时候，第一次想臭美一下，却被家里说——好好学习才是正经事，爱美的孩子都是不正经的。

她到了青春发育期，对美丑最敏感的时期，却被家里嘲笑说——越长大越难看，小时候多可爱。

她长青春痘，又发胖，家里毫不关心，直接丢给一支皮炎平解决，从此皮肤就再没有光洁过。

她不是懒，她是习惯了低要求，内心没有努力的动机，心甘情愿沦为一个“无用”的人。

所以当离开了学校，离开了父母，离开了一切的“被要求”之后，她就变成了一个对自己无要求的懒人。

当很多人都在想，如何学习成长，快速晋升的时候，她却在期待，男朋友的工资什么时候涨。

当很多人在想，在这个城市拥有一辆车的时候，她在想，什么时候能早一点下班走人。

当其他人在思考，明年要跳槽到更好的公司、更大的平台的时候，她却在纠结，是不是应该回老家去。有姑娘和我感叹说：“小依她条件不错啊，为什么不愿意去尝试更好的人生。”

我跟她说：“一点都不奇怪，她丝毫看不到自己的美丽、能力、优点，她习惯看到的是局限、是障碍、是缺点，是不管怎么努力，大概都不可能变得更好吧，更好的都是别人的，所以放任自己虚耗人生。”

有些家庭，对好女孩的要求就是：早嫁人、早生娃、吃喝不愁、梦想别提。男人只要能养家、不出轨、脾气好，都是好男人。当然，还有最厉害的一句话：不听过来人的，有的是你后悔的时候。

很多姑娘被这句话吓倒，于是乖乖走进了父母认为的理想生活里。她们中有一些人幸运的遇到好的婚姻，过得安稳，但却有更多更多的人，根本接受不了这种生活。

我时常听到身边有人跟我说：

“真的后悔大学时候没有好好学习。”

“最后悔的事情是，刚毕业的时候，整天只想轻松应付过去。”

“人生最遗憾的是，年轻时候没有好好看书。”

这些感叹都是在他们的艰难时刻说出的，因为过往对自己要求太低，所以后来命运对他们有一点点高要求，他们就承受不来了。

因为不想对自己的人生负责，所以，当身边人甩手不干的时候，她们全军覆没、全盘崩溃。

反观我身边那些如鱼得水的人，并不是因为更聪明，而是她们习惯了对自己高要求。一个朋友跟我说，她初中开始寄宿，父母基本都是放养，一上大学她就开始兼职赚生活费。

所以如今的她，生活的每一个节点都由自己安排，什么时候买车，什么时候买房，什么时候开始读MBA。她早就不习惯凡事问父母，父母也早就习惯由她自己安排人生。

而像小依这样的，她们虽然不认同父母的人生观，可已习惯事事都要问过父母才做打算，却没有想过，父母真的能为你的后半生负责任吗？真的有能力为你的人生埋单吗？

身边不少女人，离婚之时才发现，只有靠自己的肩膀承担。父母已老，怎么忍心怪罪，自己选的路，含泪也要走下去。

不要等真的发生了，才决定要努力。虽然说，努力总不迟，可如果能早一点做自己人生的主人，为什么非得经历了惨痛挫败之后呢？你偷过的懒，不是不报，是时候未到。很多女孩能理直气壮地跟父母说："你们别插手我的感情。"因为她们再也不想做所谓的"好女孩"，她们醒了，知道她们嫁给谁，最终都还得自己把握。

她们懂了：不管嫁给谁，都不可能帮你搞定人生，甚至他有可能连自己的人生都搞不定。她们不想再躺在爱情的幻想里睡觉。

我常常觉得，生活在这个时代很幸运，当然也很辛苦。辛苦是因为，我们丝毫不想过某些上一代人那种人生。

我们不想压缩自己的人生，一辈子待在一个地方，做一个工作，每顿吃差不多的饭菜，没什么朋友，没什么见识，把生活变成一包压缩饼干，管饱，却没有滋味。

所以，老闺蜜问："你怎么可以一直这样自带'鸡血'，你努力的动机到底是什么？"我说："不是买一个名牌包，或者买一个大房子，这些我都已经有了。我努力的动机，就是想看看自己还能不能活得更好，活得不一样。"

但在那之前，我努力的动机，真的也很简单，就是我知道：人生要么先难后易，要么先易后难。不要等到真正困难的时候，才想到要努力。

不要让你的眼界停留在现在的高度

总有不怎么熟悉的同学问我："你现在在哪，过得怎样？"他们问我做着什么样的工作，薪水待遇好不好。

开始我还因为有人关心我沾沾自喜，但后来的一些事让我改变了这种自以为是的看法。

前些日子，大学同学W姑娘问我过得怎么样，我说我过得还凑合，她说："那你应该是过得不太好，为什么还要在外面？还不早早回家结婚。"

我略显轻松地回答："其实也还不错，在外面打拼都是如此。"但她却句句紧逼"你具体工作是什么？一个月赚多少？"

我像一个被家长逼问是否早恋的小孩一样，电脑这边的我一边真诚的回答着问题，一边思考着插入什么其他的话题，因为我很想早早地结束这种对话。

之后还会有很多问题在等着我，比如：你的工作需要什么技能，需要会什么，累不累，公司还需不需要新员工，让我推荐她进公司，等等，如果一句话带过她说我小气，不够真诚，不跟她分享我现在的生活。

我跟她说我的公司所有的员工都属于"舍命狂奔"的状态，招进来的人自然是看重资深的工作经验能尽快上手工作的，不会因为裙带关系招聘，更何况与之前的工作毫不相关呢。

W姑娘听到我说的话立马炸了，她开始发语音怒斥我："让你帮忙找工作你这是什么意思？上学的时候你还不如我学习好呢，最好以后你别有求我的时候，风水轮流转，咱们走着瞧！”

我表示无奈，但还是耐心的回答：“我也是像蜗牛一样一步步往上爬，刚刚参加工作的时候工资不到两千，薪水也是因为工作技能一点点累积而上涨的。”

但是此时她已经听不进去这些话了，而我这条消息微信提示我发送失败。

W姑娘是以高分考到我们学校的，据说在高中时期的她就受到很多人的重视和关注，她留给我最深的印象就是她总是用不屑的眼神看着别人，比如我们说某同学在自己擅长的领域取得不错的成绩的时候，她会说：“像他那种人也只能学习好点了。”比如我们说谁在空余时间找了一份不错的兼职，她说：“那有什么好的，就跟谁找不到是的。”再比如我们讨论今天谁穿的衣服不错，她不屑的冷笑一声：“哼，就她那样也算漂亮？”

我意识到W姑娘带来的负能量，所以我开始避而远之。

后来我从好友那听到，W姑娘曾经跟她抱怨，在毕业之后W没有开始工作，而是读书在家准备考研，考研失败她一边焦急地找着工作，一边又高不成低不就。她觉得我现在不应该比她过得好，她觉得低下头来求我帮忙推荐工作已经是给我这个成绩不好的学生最大的面子。

我从来不否认她比我成绩优秀，成绩好固然重要，但对于已经参加工作我们的来说，大都是理论大于实践，在这个千百万人漂泊的城市里，岂能是成绩好就可以混口饭吃这么简单的事情。

前同事C姑娘，在得知我在玩一个很火的APP并且有自己粉丝的时候，开始问我为什么会有那么多的关注，问我可不可以推荐她让她也有粉丝。得知我开始写文章的时候说：“要不我也开一个账号写东西？”得知我在某个项目上拿到了不错的奖金，又遗憾说：“早知道我也试试了。”

我说可以，我从来不介意分享一些我的经验，但她总是三分钟热度做不长久，然后反过来说我对她的事情不用心，她开始忧虑：万一哪天你出名怎么办啊？好像她最想跟我说的是：你可以过得好，但是你不要比我过得好才是。

一方面，她见不得别人比她优秀，一方面，她自己不努力，却总是杞人忧天。

我开始想到一些可以称之为朋友的人。

有一段时间我很苦恼的找着工作，我的好友M姑娘每天泡在网上帮我看工作找简历，焦急走心的她让我常常误以为是她在找工作。D先生会在每次我发文章的时候主动帮我分享到他的朋友圈，尽管他的好友屈指可数，但他依旧愿意把我分享到他的圈子让更多的人看到我。

相反，像W姑娘和C姑娘这样的人是永远不会分享别人的生活，她们一边忧虑身边有朋友会比她们优秀，她们一边整天抱怨。

后来我删除了W和C姑娘所有的联系方式，我不想和她们一样在“见不得别人好的”的路上越走内心越黑暗，我宁愿和她们渐渐疏远，我不知道如何做到近朱者赤，不过我知道还有一种贬义叫：物以类聚，人以群分。

我开始清理着我的朋友圈子，我坚信还是会有一种人，她会因为你的开心而笑逐颜开，因为你的难过而心如刀割，她不会因为你越来越优秀而嫉妒你，也不会因为你无心的一句话而和你断绝关系，她把你的事儿比她的事儿还上心，她会把你分享给更多的可爱的人，像这样可爱的人我把她们称为“也顾别人的事儿的人”。

在这个车水马龙灯红酒绿的城市里，每个人都在为了自己想要的生活奋斗着。他们没有投机取巧，也并不是不劳而获，他们的所得都是用自己的努力换来的，你嫉妒别人在过着你要的生活，你抱怨你为什么这么努力，却还是碌碌无为。

乞丐并不会妒忌百万富翁，但是他可能会妒忌收入更高的乞丐。

每个人的起点一样，相差不远的时候会有人嫉妒，那么相差甚远的时候，自然不会有人拿你来比较了，像乞丐和李嘉诚的差距，完全是两个世界的人，那就根本没有可比性。

你要有更高的眼界，才不至于永远停留在这个高度。

我要一步一步往上爬，我迎着风，淋着雨，越挫越勇。

赚钱的速度要赶得上父母老去的速度

我帮朋友大白整理行李，这是她今年不知第几次搬家。

为了省下一笔昂贵的住宿费，大白从一个自带浴室和卫生间的房间，搬去一个远郊的偏僻老房子里。她把所有行囊塞进那辆掉漆的二手本田车，大包小包紧紧贴在车窗上，油门一踩，锅碗瓢盆叮当作响，那是她全部资产奏出的交响乐，仿佛正唱出一场悲壮的迁徙。

大白搬去的新家，整个房间只装得下一张单人床，简陋的铁皮床架抵着发黄的墙壁，天花板的角落里藏着斑斑霉点，脚底那层被踏到薄薄的旧地毯，散发出长年累月的咖喱味。我环顾着整间房子廉价又陈旧的摆设，余光碰撞着五十几岁的女房东。那个干瘪瘦小的印度女人，像是一只失掉水分的果子，有着枯柴般的手臂和鹰一般的眼睛，在一栋年久失修的房子里神出鬼没。

这大概是新西兰最冷的一个冬天，窗外的杂草也蒙上一层霜色，破旧的木房子在狂风中吱吱作响，我担忧地问大白："这地方看起来那么冷，你确定要住下来？"大白没空抬头看我，麻利地在铁架床上垫上几层褥子，顺手往窗沿边摆了一株多肉，嘟囔说："这就好了，看起来暖和多了。"

那株多肉，姿态茂盛地生长着，还真有点春天的味道。

几个月前大白突然和我说，她终于攒好读书的学费，可以实现在国外读书的心愿了。这个90后的姑娘，一年前拿着打工度假签证，一个人漂洋过海来到南半球。她在暴晒的天气里摘过樱桃，也在零度的冷藏室里包装过奇异果，在日本料理店招待过顾客，也在爆忙的咖啡馆里连续八个小时不停地打咖啡，拼命地赚钱，只为了实现出国留学这个单纯的梦想。

我和大白在同一个屋檐下有过短暂的交集，此后便维持着一段长久的友谊。她是我见过的最坦诚而努力的一个人，性格刚烈，乐观上进。我们在彼此最艰难的时刻相遇，在那个租客来了又去的房子里，倚在夜晚的阳台上，分享过很多心事和忧愁。

大白家境不好，母亲下岗多年，父亲是普通工人，她从大学开始就没再管家里伸手要过钱。毕业之后，大白看着同班富有的同学出国就像出门乘凉般简单，虽然羡慕，却只能找一份踏踏实实的工作，一边为自己的未来算计，一边坚持从中抽出一部分，孝敬辛苦了一辈子的爸妈。她兢兢业业把一份工作做了三年，才攒出一个出国看看的机会，大白办好签证，往大衣口袋里塞了二百块纽币，只带了一张单程的机票，她调侃自己，“梦想没有回头路”。

出国的日子是辛苦的，大白一个人单枪匹马，最苦的时候住仓库，吃老干妈配白米饭，常常要无间断地工作十几个小时。可是再难的日子都还不忘给爸妈的账户里打钱，从未听到过她对命运的抱怨，用她的话说，“既然家境不好，那就要努力要家境好起来啊！”

她的姿态坦荡诚恳，完全不像我身边另一群姑娘，看见同龄女孩子背着名贵的包包，擦着名牌的香水，可以随意进出昂贵的餐厅，就用那虚荣又懒惰的声音抱怨着，“哎，瞧瞧人家爸妈，我怎么就没有人家含着金勺的命？！”

大概是因为贫穷又努力的缘故，我和大白的友谊特别深刻，对彼此来说都是励志的存在。我心领神会她为了省三块钱公交车费而走路一个半钟头的时刻，她也完全懂得我从打工的餐馆把员工餐装得满满的只为把晚饭钱攒进微薄的账户里。她知道我热爱写字，不自量力地相信未来的自己成为一个大作家，而我也总是看到她数钱的背影，那些钞票干干净净，一张接着一张，让人相信总有一天它们可以铺向一个女孩光明美好的未来。

那一年我们是那么贫穷，她穷到牛仔裤的破洞越来越大也不肯换条新的，我穷到交过学费银行卡里只剩下两块多纽币，可是我们却依旧相信，这生活一定有好的东西，慢慢慢慢地在到来。

偶尔有富裕又虚荣的姑娘带着嘲讽的语气问大白，“哎哟，你这么拼怎么也不给自己买几件像样的衣服啊？”也有猥琐的有钱男人想用金钱换取她十年的努力，趁机想去欺负她，可是大白始终把头扬得高高的，把所有的嘲讽和诱惑统统挡在自己的生活外，“这么好的青春，让人忍不住想好好努力啊！”

有人说好姑娘应该是一株朝阳的向日葵，我想了想，似乎不是所有好姑娘都有机会做一株向日葵，如果你不能，那就做一个像大白一样的姑娘吧，做一个永久的太阳，制造属于自己的光束。

几周前朋友S和我说，她那个去澳洲留学的表姐，今年第三次回国了，理由是“特别想念爸妈做的那盘红烧肉”。作为一个工薪阶层家庭，S的姨夫姨妈为了女儿的回国机票吃了半年的水煮白菜。尽管这样，他们还是尽力去满足女儿的全部心愿，表姐拎着两个空箱子风风光光地回来的时候，S看见满头白发的姨夫立马递上一张银行卡：“姑娘，想买啥就买啥去！”也看见苍老的姨妈挽着女儿的胳膊，心疼地说：“孩子你又瘦了，想吃什么，妈妈准备了好多好吃的给你！”

S说，表姐不止一次和她抱怨：“妹，你可不知道姐这几年受了多少苦，同学都是有钱人，人家一件衣服就上万元，天天红酒牛排，那才是青春啊！我只能那些杂牌子的衣服和化妆品，开一辆二手破车，我怎么就没有人家那样的爸妈呢？！”

S看着表姐吐沫飞扬，拼命忍住想说的话，就连那些杂牌子的衣服化妆品和那辆不怎么样的二手车，也是姨夫姨妈不断压榨自己攒下的，她亲眼看见姨妈冲着偷偷抽烟的姨夫发火：“你就不好那烟钱省下来，咱们把那钱给小芸汇去啊！”

我为了攒学费在小餐馆里端盘子的时候，认识了一个十八岁出国留学的小女生。爸妈为她安排在一户洋人家庭住宿，每周奉上厚厚的银两。洋人家庭对她非常友好，每日为她提供晚餐和零食。她却不愿意融入她们的生活，常常拒绝这样的晚餐，在外面的餐馆狂妄地消费。她看着我为打工和读书整日忙碌，不止一次地问我：“你那么好的年纪，应该出去逛街，旅行的啊，你爸妈都不给你钱的么？！”

我无言，她说这话的时候，我已经二十二岁，早已不是依赖父母的年龄，连我邻居那十八岁的大女儿都在用整个暑假打工，每周准时为父母送上补贴。我的内心酸楚，如今有多少年轻人，已经习惯用父母的金钱为自己的生活和梦想买单？

当我说起我邻居的大女儿格蕾丝新买了一辆深绿色的二手日本车时，这个十八岁的小女生，扁着嘴：“切，那是什么破车啊，我让我爸给我买新车，要欧洲牌子的！”她说这话的时候并不知道，那个金发碧眼的小姑娘花了整个暑假在酒吧里端盘子，脑袋扬得再高那也是她应得的阔气，这才是年轻人应该有的样子啊。

几天前朋友发来一段视频，题目是“少女当街殴打母亲，女儿要钱妈妈不给就打”，我看着那个年轻的女孩子和她的同学把那个可怜的母亲踢倒在地，不停地辱骂和殴打她，止不住地流眼泪。我们的年轻人都怎么了？

我听过的一句话就可以让人哭出来的段子是这样的：一天赚80块钱的爸爸给女儿买了个iPhone6plus，64G，7000多元，爸爸从头到尾没有笑过。有人感慨着，今天有多少做子女的，既要美国式的自由，又要中国式的宠爱，却没有美国孩子的自立，又失去了中国传统的孝道，索取得太过随意甚至理直气壮。人生可以追求，但切莫攀比，你虚荣可以，但一定要靠自己！

我那个在北京生活了两年的朋友，有一天忽然对我说：“喂，你现在在国外能自给自足吗？”

我说：“可以啊。”

她惊讶了一下，又继续说：“哦，我在北京和人合租，房租还两千五呢。每个月爸妈还要补贴我两千块，我才能活下去。”

她顿了一下，又说：“哎，你还记得某某人吗，她爸妈给她在北京买了一套房，又安排了一份朝九晚五的工作，真是嫉妒死了啊！”

我看了她的朋友圈，今天去喝星巴克，明天去看最新电影，后天去日料店吃到整桌铺满。我想起几年前她拖着行李箱说要去北京好好奋斗，不禁感慨如今有多少年轻人打着北漂的幌子，却糟蹋着父母的血汗钱，竟还抱怨着为什么自己不能过上衣食无忧的好日子。

我看着她的朋友圈，心酸，爸妈再穷，也已经把最好的东西给了你，二十几岁的我们已经需要开始学会承担，而不是一味地索取。当我们在责怪可怜的爸妈的时候，是不是应该扪心问问自己，你穷，是不是因为自己一直都不够努力，而不是因为别的什么原因。

姑娘啊，我知道这生活一定有它不公平的地方，当你看到那个二十几岁的朋友突然开上一部崭新的车子，而你只能在加班后的夜色里独自等公交再在破旧的出租房里入眠，请相信我完全理解这是一种多么难过的落差。我从很多这样艰难的时刻走来，也亲自看着生活一点点变好。

你也许会感慨人的命运是何等的不同，也许会不知前路茫茫是否可以通向光明。可是姑娘，我告诉你，你才二十几岁，那么年轻，青春给了你天不怕地不怕的勇气，就是要你去努力，要你去坚信，一穷二白有什么关系，穿廉价的衣服又怎么了，开一部烂车又如何，租不起好房间吃不起像样的晚餐又能怎么样？你不需要因为自己如今的艰难和别人的嘲讽而介意，因为总有一天，你会依靠自己，成全你全部的梦想。

很多年前我因为这样一句话而泪流满面：你赚钱的速度要赶得上父母老去的速度。但愿我们这一代的年轻人，还有人愿意相信这句话。

有些事你不做，你想要的生活就永远得不到

二十二岁的S姑娘，在小城市有着一份不错的工作，她却为婚嫁的事情所烦恼，不出众的外貌和略有些汉子的性格让她的“桃花”迟迟不开。她打算出国或者换工作到大城市，但迟迟无法下定决心，一方面现在的工作是高薪和国企，一方面惧怕出国的复杂流程和大城市的激烈竞争。就这么纠纠结结了六年，到了二十八岁，由于社交圈子的狭隘，她还是那个长相平凡心思粗放的她，只是成了剩女。工作上由于性别和单位性质的限制，虽然十分刻苦，但只是普通职员。她的高学历和单身身份让她在小城市备受侧目，于是狠下心来，跳槽到了上海。

新公司给了一个职位，还提供了一个有院子的宿舍，工资也比以前高好几千，再攒攒加上以前的投资就可以付个首付。工作对于出色的她并不算有难度，多年积攒的经验让她如鱼得水，开始收获以前很少听闻的肯定。刚换工作再加上加班比较多，她并没有很多时间去认识新的人，但是随处可见的书店，公司边上的健身房和类型多样的活动已经让她开始关注时尚、新事物和自己。公司的大龄姑娘有好几个，她也不觉得孤单和异类。有一次代表公司去交涉业务，对方的小伙子见她做事认真待人诚恳，要了她的电话，后来开始约她吃饭。她压抑了许久的心情慢慢变好起来，开始想如果六年前过来就好了，其实仔细想一下就知道她的条件更适合看重能力的地方，而且她也很喜欢丰富的精神生活，这里还有很多比她优秀很多的单身男士。她甚至开始决定准备出国。

只是那虚掷的六年的时光再也回不来了，她也许依然不可以组建一个家庭，但绝对可以谋得一份好职位或者快速地成长，但她却在痛苦和自我怀疑中度过另外六年。有些事情你不做，你想要的生活就是得不到。

二十五岁的k姑娘，奔波在相亲当中，她最近的一个相亲对象觉得她别的都很好，就是有点胖，其实不算胖，一百二十五斤，只是略微丰满，但在这以瘦为美的年代成了各种靶子，即使她面若桃花，也不能抵消掉这多余的二十五斤。K从来没瘦过，所以她从不认为是体重的问题，她责怪这个世界太过看重外貌，责怪男生们太过势力，相亲时去那么差的餐厅，责怪自己的命运不好，但是依然难逃相亲后对方的销声匿迹和相亲时的冰冰冷冷，世界没有为她改变，她却在一次次失望中开始丧失自信。她变得更胖了，也不如以前那么活泼开朗，甚至有些自闭。她不明白为什么到了二十五岁，自己没经历过一次像模像样的爱情，都是隐形女友，异地恋，甚至有一次差点成了第三者。直到这一次，相亲对象直言你有点胖时，她看着对面长得歪歪扭扭，说起话来口无遮拦，付钱时磨磨蹭蹭的陌生男子，突然流下眼泪。然后她开始减肥，手法很激烈但也很有效果，就是纯饿，三个月后她已经是95斤的长腿美少女。165cm的她穿上高跟鞋和短裤走在街上，再加上本来就很好看的五官，大部分男生都是要多看两眼的。各式各样的朋友开始主动找她吃饭和聊天，大家发现她原来是这么美好的女孩子。她的乐观开朗，她满院子的花花草草和一手的好厨艺，她的善良温柔和优美的文笔，都在她的瘦削和凹凸有致下熠熠生辉起来。她看着办公桌上一大束昂贵的玫瑰时，她觉得以前的生活恍若隔世，她不知道为什么她要花那么久的时间去过一份以前那么可怕的生活。

爱情和工作一样都会谈些条件的，只是条件不一样，有些事情你不做，你想要的生活就是得不到。

三十岁的q姑娘，奔波在尘土飞扬的生活和父母弟弟严重的情感勒索中。

她自己住在地下室的角落中，穿着五年前的衣服，头发干燥枯黄，一脸的沉重和苦涩，时常半夜会哭，不知道未来在哪里。如果有电话响，肯定是母亲打过来诉苦和向她要钱，她所有的积蓄都拿给弟弟买房子了，现在小侄子出世了，各种费用依然是她负责。偶尔不答应，想起母亲苍老的模样和多病的身体，又心生难过。她是不聪明但用功的女生，所以在工作上常常遇到不如意的事情，也没有时间谈恋爱，对于示好的男生又不懂回应，这些生活和情感的压力常常让她喘不过气，还负担着一家人的期待，她有种生不如死的感觉，但还在努力地撑着。

直到有一天，弟弟又打过来电话要钱，而她刚刚为了是省卧铺钱做了两天一夜的硬座，她突然觉得悲哀又愤怒，因为弟弟要钱不过是不肯安装2M的宽带，而一定要装4M的宽带。她决定应该结束这一切了，她打电话给母亲，说出这么多年的辛苦和以后可能要为自己考虑了，母亲惊讶且愤怒，指责她是白眼狼，并把电话挂了。弟弟又打过电话过来，质问她为什么这么做，把母亲都气病了，并对她进行了批评。她想了想，飞回去看了家人，悉心照顾母亲几天，但是仍从心里坚定且温和地坚持着自己的主意。一天，母亲突然哭着说，这些年也多亏了她，现在她是该考虑她自己了。她温柔地抱着母亲，说并不是责备他们。

回来之后，她就轻松淡定了许多，拿出攒了许多年的公积金付了首付，商贷买了房，甚至任性地透支了信用卡，为自己买了个高端手机和几件漂亮的大衣，做了一个新发型。她还为母亲买了一件羊毛的大衣，告诉母亲，弟弟长大了，要相信他自己生活的能力。出乎意料的是弟弟竟然是支持她的，说他会好好照顾母亲的。因为学会了沟通，她发现和母亲、弟弟的关系甚至比以前好，而且她发现母亲和弟弟也是十分希望自己幸福的，只是观念和表达方式的问题。就这样，她开始一点点缓过来，由于观照自己的身体，每天开始好好吃饭和补品，她的脸色甚至有了白里透红的感觉。第一次，她觉得活着这么美好，而不是仅仅只有面对考试的恐惧和面对期望的责任。有些事情你不做，即使是三十岁，你想要的生活也依然得不到。

以上这些姑娘有些庆幸，她们终于发现自己真正想要什么，而且得到了自己想要的生活。生活于她们刚刚开始，虽然走了很长一段时间弯路，却像在夜路中行走，收获了满天闪亮的星星，磨炼了心性。她们还是有些遗憾，这么简单的道理以前为什么不知道，非要用时间和教训才能换取，在踌躇和懵懂中，许多美好与她们擦肩而过，如果以后有儿女，一定早早告知他们。

有些事情你不做，你要想的生活就永远得到不到。

还在想要那份看起来很不错的工作，既可以周游列国，又可以轻松高薪，可是你的能力好像不够呢，为什么不去把能力变得更好？不过是三四年的时间。否则你十年之后依然守着这份侵占你所有时间却给你只够生活的薪水的工作。

还在暗恋着那个看起来帅帅的，做事得体的男孩子，你看看自己，灰头土脸，笨拙粗鲁，但是对那些同样不修边幅的和你差不多的男孩子又爱不起来。为什么不去过精致的生活呢，美好的身材可以靠饮食节制和勤于锻炼获得；气质可以靠智慧慈悲的内心和优雅的举止获得；面容可以靠合适的发型和光洁的发肤进行修饰。即使你仍然得不到那个男孩子的青睐，但是为什么不试一试？否则吃着零食看韩剧的你十年之后依然如此，生活在幻想和惨淡的现实中。或者嫁给一个自己看不上的男孩子，过着怨气冲天的生活。

还在羡慕那个会四国语言总是可以轻松交到朋友的姑娘？

还在看着自己那些深深埋没的小天赋十分不甘心？

生活不仅仅有静止和重复，我们已经来到一个时代，只要你的渴望合理，你付出努力，世界会找到方法帮你实现。我们已经来到一个时代，都在追求生活的品质。我们期盼所有自己喜欢的东西在一起，而不是仅仅活着。嫁给自己喜欢的人，做着自己喜欢的事情，有着自己想要的亲密关系，向自己喜欢的方向前进着，对于我们，都是像呼吸一样重要的事情。只是有些事情你一天不做，你就多一天生活在自己不想要的环境中。而且不想要的今天会导致更不想要的明天，更不想要的明天会导致十分不想要的后天。既然给我们有选择的权利，选择我们自己想要的人生道路，那么为什么不及早踏入追求的路途中。

生命很长，何时上路都来得及，重要的是，为渴望奔跑，无比轻盈。

你看，一天比一天更光彩照人的高圆圆、周迅、刘若英、大S都穿上了洁白的婚纱，嫁给了自己十分想嫁的人。

你看，奥普拉有了自己的电视节目，蒋方舟、安意如、十二、安妮宝贝靠不停地写作得到了很多的关注和金钱。你如果去关注她们的传记，就知道坚持也是需要勇气的。

你看《破产姐妹》里的caroline和max开了自己五彩缤纷的cupcake店，而且在全世界掀起了蛋糕热。你看维多利亚多年保持着迷人的身材，为英俊的贝克汉姆生了几个孩子，生活在镁光灯下二十年，这好像每个小女孩的梦想，她可曾经也是一个胖姑娘呀！你看你的妈妈都开始跳起了广场舞，出去旅行，买一双有点贵的鞋子，或者不再逼你嫁人，你是不是更应该勇敢一点？

有些事你不做，你想要的生活就永远得不到。

目标和努力都没有，你不白活了吗

年前，他们两个结婚的时候，我就很想对他们说这么番话了，看到他们幸福的样子，忍住了。

昨天，无意中在微博中看到这么句话，很是认同：男女之间异地相恋，如果是女方不顾一切地抛弃所有投奔去了男方所在地，这段感情，一般不得善终。如果换是男的不顾一切去了女方所在的城市，结果通常是皆大欢喜。为什么呢？因为男人无论是在爱上还是在别的方面，通常都会进行所谓的成本代价。他抛弃所有，就代表他投入了全部的成本来博得这份感情，你想想看，他会舍得轻易放弃么？

还有个笑话，说的是穷人和富人酿酒的事情。穷人和富裕人两人商量酿酒，穷人说我出水，你出米。富人一口答应。等酒酿好了后，商量怎样分的时候，穷人又说，这样吧，先前我出的是水，所以现在水还是归我，而米也仍然是你的，我们谁也没占谁的便宜……

说这个笑话的人说，这穷人就好比是20左右的小伙子，要什么没什么。而富人代表的是20左右的小姑娘，只要她愿意，她要什么就有什么。结果一心一意地跟着小伙子熬啊熬，熬了N年后，陪着一起奋斗拼搏到了30好几，终于事业小成，家庭安逸。这个时候的男人，要什么有什么，可女孩子，却已经错过生命中最好的年华，将所有一切奉献给了爱人，孩子，家庭……容貌已经残损，小腰已经水桶，类似从泰国香米变成酒糟的处境了。

看了，心有戚戚。

现在的小姑娘是怎样，我不知道，我只知道我那年代的小姑娘，爱他，就是爱他，和金钱无关，和地位无关。前仆后继的，犹如飞蛾扑火的轰轰烈烈地爱着。还有很多如我一样单纯且执着过的一厢情愿的认为：我要陪着他从无到有，白手起家，哪怕失去了全世界都没关系，最起码，我们还拥有彼此的爱。所以，我们可以一碗砂钵饭两个人吃，如果月底，口袋里面穷得只剩下一块钱，他总是会买一包最便宜的华丰方便面，同时，还不忘给买个五毛钱的鸡蛋，因为鸡蛋我吃，他只吃面。

眼前的这个新婚的女孩子，满脸洋溢着幸福的微笑，斜靠在男孩的肩膀上。他们没有举行婚礼，自然也没有新房，没有新家具，新家电，甚至因为没有举行婚礼只扯结婚证，所以男方的家长都没有回来，他俩，暂居在女方娘家。

我们三个静静地嗑着瓜子，喝茶，想开口，却不知道从何说起。半晌，我开口了："你们两个现在既然结婚了，那我得和你们说点事情，说说我以前的一些事情。"

我将我的前尘旧事细叙了一遍：我当初，也和你一样，扯个结婚证，什么都没要求，最后离婚，发现在一起12年，没有房子，没有家具没有任何财产，走了一圈，我似乎又回到了原点，还赔上了12年的青春年华。某某人，你这样结婚，其实我觉着不好。父母养大你到20多岁，不是让一个陌生人随便就将你给领走了，彩礼，聘礼其实是次要的，父母要求那些所谓排场不是为了他们自己，而是为了让男方付出相应的婚姻成本，使之今后不敢轻举妄动。

"当然，各人有各人的生活方式，你既然决定了，我们当然只有祝福。但作为一个成年人，你得为自己的所作所为买单。要有担当。

"我以前，不能理解，也无法理解，我觉着只要有感情就够了，爱的时候是真的爱，不爱的时候是真的不爱。钱财都是身外之物。可现在，我才明白，如果有财产的羁绊，最起码，离婚那会，或者面对诱惑那会，他会犹豫再三，考量很久，值得吗？值得付出这一切去换取这一时的欢乐吗？

“不是不要去相信永远的爱或者自己认为，我为他付出了这么多，为他吃过这么多的苦，他总不该不清楚而辜负我吧？

“我看过一些陪着男生共苦，却不能享受到同甘的故事了，几乎每天都在上演，相信我，这是真的。”男生和女生互望一眼，然后握紧了双手，男孩子重重点头：“姐，相信我，我会对她好的。”不是不相信，我唯有苦笑，很多人说过同样的话，过了几年，却又都忘记了自己的承诺。

我转身，又对着女孩子说：“给你最后一个忠告，除非是特殊情况，否则绝对不要做全职主妇。即便老公今后飞黄腾达，腰缠万贯，记得不要节省，该花的就花，该用的就用，但不能浪费。即便家庭根本就不需要你外出工作赚钱，但是你给我记住，经济一定要独立。工作给予我们的不仅仅是金钱，更多的是让我们保持和外界的联络，知道世界发生了什么事情，不至于和社会脱节。”

我做了个手心向上的姿势：“这是什么意思？”她说：“是讨。”“对，这是讨，刚开始可能我们找老公要钱，他会无所谓，经济宽裕的时候他也无所谓，但长年累月下来，偶尔一次，或者他心情不爽，会说出：‘又要钱？钱钱钱，你就只知道找我要钱，不是前几天才给过你吗？’如果是这样，你受不受得了？”她摇头。我又做了个手心向下的动作：“这代表什么？给予。”是的，我愿意给予他人，而不愿意受人施舍。你记住，经济独立，会让我们面对任何不幸和困境都无畏无惧。

二十岁出头的女生，无疑是最美好、最美丽的年华。但这时候的女生大多对自己的人生毫不清晰。我们不知道自己要的是什么，追求的是什么，怎么样才能得到幸福。的确，最美丽的时候如果在恋爱中度过，每天安逸舒适，那将是最美好的回忆之一，可是美好之后呢?

在你身边那个二十多岁一无所有，稚气未脱的男生。如果他选择了奋斗，那么假以时日，你们的眼界层次慢慢就分开了，当爱情的炙热褪去，他对能干成熟的女同事屡屡示好，你不要只骂他没有良心。想想问题出在哪儿?自己是否已经与他的差距太大了?

如果他选择了和你一起玩乐，那人到中年，当你回首人生，与周围不同层次的人比较时，你是该后悔自己拖累了你的爱人。还是在听到莎士比亚“真正的爱情使人向上”时怀疑你们之间的是不是真正的爱情?那么也请你不要在以后柴米油盐经济拮据的时候，指着丈夫的脑门大骂他无能。你知道，这样的现状你至少有一半的功劳。

女生，不论什么时候，都请有自己的目标和努力。

用梦想给生活透透气

有段时间，闺蜜忽然迷上了地理知识，一见面就问，普吉岛开车去要多久啊。普吉岛远还是马尔代夫远？弄得我们常常一愣一愣地，闺蜜啥时候这么高大上了？不会买彩票中了五百万吧？

多年不看的世界地图也被她重新拾了起来，居然贴在自家的客厅里，喝个茶吃个水果，都要站在地图前完成，美其名曰，她要把所有路线装在心里。每每这个时候，她老公就会一脸宠溺地笑："路线装我心里就行了，你心里装别的吧。"

闺蜜真的开始装别的了，一有空就看风景图，碰到特别好的，就保存到电脑里。有时候在单位上班，看到一张美图，也会哇哇大叫："哇，这张漂亮，我老公肯定喜欢！"然后忙不迭地复制到手机里，只等着下班时间一到，第一时间冲回家跟老公分享。

一张图片就把这丫头乐成这样？对于她的奇葩举动，大家纷纷表示不理解。

后来才知道，原来闺蜜老公有一个梦想，就是某天买辆房车，带着全家环游世界。

一大群人顿时跌掉眼镜，这个梦想，对于普通的小老百姓来说，真的就是个梦。就算辛苦攒钱，能买得起房车，环游世界的花费你出得起吗？除了金钱，还有时间成本，一桩桩一件件，哪个都是不能逾越的鸿沟啊。

闺蜜居然乐滋滋地准备着环球旅行的事，完全就是陪着老公一起做梦嘛。

闺蜜和老公这场梦什么时候能实现，或者什么时候能醒来还不得而知，但我们看到的，是闺蜜和老公越来越亲密，共同语言越来越多，没事儿时就依偎在一起憧憬未来，脸上的笑意能将巧克力融化。除此之外，老公的一些坏毛病也收敛了不少，不再乱花钱，不再没事儿和狐朋狗友狗混，连工作都变得比以前积极，业余时间，还想着各种投资各种学习。人近中年，却摇身一变，朝着学霸的路上奔去了。

闺蜜不过陪着老公做了一场梦，就让感情升级，让老公浑身充满正能量。

而我们身边，出现更多的，是下面这些情况：

女人一把鼻涕一把泪地向别人抱怨，老公不脚踏实地好好工作，整天就喜欢做梦。这么大的人了，怎么跟长不大的小孩似的？这样下去，这个家怎么办啊！在这样的担忧下，老公要么把做梦转到地下进行，要么垂头丧气，连眼前的工作也没心思好好做了。

彪悍点的女人，面对老公的梦想，总要当头棒喝，冷嘲热讽：“你还想买别墅？别做梦了，能买个两居室我就谢天谢地了！”老公听了这话，要么暴跳如雷大吵一架，要么从此只字不提买别墅的事儿，免得落人笑柄。

还有更霸道的，根本容不下男人的那点梦想，男人想做收藏家？我卖了你的那些古董，看你还不死心！男人做梦当作家？我砸了你的电脑，扯了你的宽带，让你一天到晚坐那儿写！面对如此暴行，男人要么忍气吞声以和为贵，要么就挣断婚姻的束缚，一个人继续做梦。

人活在世上，谁还没有一点梦想呢？

梦想不是未成年人的专利，那些结了婚生了娃，被现实压得喘不过气，被世俗撞得头破血流的男人们，偶尔也会做梦。不管这梦多么荒唐多么难以实现，他们都希望得到身边人的认同，得到最亲密的人的支持。

一个梦而已，做好了，会大大提升生命的质量，干吗非要冷嘲热讽拼命阻止呢？不妨陪他一起做个梦，融入他的梦想中，有了共同的梦想，就会有共同的语言，关系会因此越来越亲密。而一起做梦的时候，你还能纠正他梦里的一些错误，让这个梦更完美更容易实现更达到你想要的效果，有什么不好呢？说不定，一起努力一下，那个梦真的能实现呢？

别用现实的绳索把男人牢牢拴住，不管身上压了多重的担子，他们也需要用梦想来透透气。偶尔陪他一起做个梦吧，感情的世界，很多时候，也需要梦来维系，也需要梦来加蜜。

别闲着，人生
并没有真正的无用功

好多人说："我找不到方向，该怎么办？！你说我连往哪个方向努力都不知道，怎么努力啊？！"

问这种问题的，有上大学的小朋友，有跟我同龄的朋友，甚至，还有比我大一些的人，因为找不到方向，他们觉得生活挺无趣，又无力改变，所以就很焦虑。

可是方向到底在哪里？谁能拨开迷雾，往前方一指告诉我们说："你去那里，准没错！"

我小时候也期望有一个人可以告诉我，真的。他一眼能够看透我的资质，知道我该干什么，然后给我指出一条光明大道。我总觉得自己不怕努力，怕的是没有方向——现在知道，很多人也是这样。

问题在于，世界上根本没有这么一个人。若说有的话，也只有你自己。

而我能想到的最好的办法就是，当你迷茫、困惑、烦恼、忧愁的时候，你尽量别让自己太闲，你别以为靠脑子想来想去方向就会灵光乍现地出现，你得去做点儿什么，试试看，试着试着，也许你就找到你该去的地方了，真的。

上大学后，时间变得很充裕，我一下子不知道该干吗了，除了上课，那么多的时间不知如何规划利用。没谈恋爱，平时也没有实习，投稿呢也总是失败，口袋里没有几个钱也不能总是出去玩或者逛街……

尤其是，根本不敢想以后。那会儿媒体已经人满为患，其他专业的人也

都削尖了脑袋往里冲，招聘越来越严苛，要么名牌大学，要么特别出众，当然有过硬的背景也是可以的。

可是这些，跟我一毛钱关系都没有。学校不是“985”也不是“201”，我又不出众，关系背景更是一点都没有……一想到这些就崩溃，真是太煎熬了。

怎么排解？

也没有别的办法，就是别让自己太闲了，该上课就去上课（惭愧地说，我大学几乎没逃过课），有时间就去图书馆看书，写稿投稿失败了也不敢气馁，是不敢。

当你知道自己一无所有，甚至连人生方向都不知道到时候，你敢闲着？反正我不敢。

闲着的话，会怎样呢？

可能会多睡很多觉，出去逛街，彻夜打牌，谈一场鸡肋的恋爱……到毕业时，媒体是一定去不成的，找一份能养活自己的工作听起来也不错，但许多年后，我一定会午夜梦回悲从中来：我曾经希望写字为生啊……

一定会遗憾。

这些年，我几乎没有特别闲的时候，因为我会不停地给自己找事儿做。

四处给杂志社投稿，摆摊啊、淘宝啊、做烘焙啊，做读书会、做观茶甚至再开一个公号……所有这些，都是因为我想让自己充实起来，忙碌起来。

前几年，时间太多，我跑去网站写连载，每天写两三千字。那个故事写得并不好，很多地方还前后矛盾，但写了十几万字之后养成了我每天写字的好习惯——想要偷懒特别容易，“我那么累啊，今天休息一下”，三五天之后就理所当然地停下来。

而当这件事成了习惯，也会特别顺理成章，如今我哪天若是不写字儿，或者出门不带电脑，心里就会空落落的。

好多人问我说，喜欢写作，可是找不到方向，或者不知道该怎么写，又或者写了没人看怎么办？！

我的回答都是：写啊。写给自己看。坚持写下去，总是会有进步。当然，你若是很功利的话，写字这件事的确不能立马变现，甚至你一辈子都默默无闻也极有可能，但如果很喜欢这件事，你就不会那么在意这些了。反正我是。

我曾经在天涯论坛上有个博客，叫“闲着也是闲着”。看这名字就知道啥意思了，对吧？

那个博客我写了好几年，写了好多篇，不赚钱我也觉得好呢。

见过很多这样的人，他们迷茫，他们彷徨，他们找不到方向，他们像是身处迷雾之中，真的好痛苦，真的好想突破，想要破茧成蝶。

但问题在于，他们不知道现在该做什么，干脆就什么都不做。

现阶段的主要目标，就是找方向。

哈哈哈哈……还不是懒？找什么借口啊。

上班族说：不知道以后职业发展该去向何方，很烦恼，但是又没有能力改变现状。那能不能学点喜欢的东西，或者学一点实用的东西，总比你闲着瞎迷茫强啊。

大学生说：好困惑啊，还不知道自己喜欢什么，再说了，喜欢不能当饭吃对吗？我好困惑啊。能不能把你困惑烦恼的时间用来读书或者实习，让知识灵感或者是实践经验来充实你的头脑，哪怕你学好英语以后都会受益匪浅啊。

有的人迷茫，有的人彷徨，说到底，就是太懒，也是太闲，什么都不做，一直在原地打转转。

好多人跟我说：好羡慕你，找到自己努力的方向，只要沿着它往前走就行。

可是在找到方向之前，我不是也走过很多弯路吗？在那些路上跌跌撞撞地走着的时候，我也不知道这是不是我的方向啊！不知道这条路对不对啊！我也困惑、也迷茫、也忐忑、也妥协啊！

每当这样的时候，我就找一点事情来做一做，做着做着，可能就春暖花开了，真的。

人生并没有真正的无用功。

除非你只是，闲着。

那谁都帮不上你。

如果不能创造价值，你的努力就白费了

A是我带过的最努力的实习生，但是除了“努力”，我暂时也想不出其他的褒义词。她每天来得最早走得最晚，笔记本上记得密密麻麻的，做事从来没有怨言。但是，她没有拿出过让我惊艳的东西，倒是因为捅过几次不小的娄子，让我不得不渐渐收缩她的工作范围。每当遇到问题，她的回应总是：“我没有想到事情会是这个样子的。”

B则是她的中年版，三十几岁的人了，靠着频频跳槽才做到了一个小组的领导，因为专业太差几乎遭到了所有同事的投诉。即便如此，老板在不让她通过转正这件事上仍有些犹豫：毕竟，她这么努力……

国人素来推崇努力，所以才有了《悬梁刺股》《凿壁借光》《囊萤映雪》这样的故事，和“书山有路勤为径”“勤能补拙”“笨鸟先飞”“爱拼才会赢”这样的金句，好像只要努力，就一定能成功。就算不成功，他人也必须抱有一份尊重，毕竟已经尽力了，也就无可指责。

于是，就有了一群为努力而努力的人。上学时他们睡得最少，上班时他们走得最晚，案头上的事情永远做不完，始终勤勤恳恳、任劳任怨，成绩却一般得不能再一般。你会发现，这样的“努力”，不过是效率低下，把别人五分钟就能做好的事情用一个小时来完成，人为地抻长自己的生命，简而言之就是不走心。

这样的“努力”，不过是在用战术上的勤奋来掩盖战略上的懒惰：他们既不肯在“努力”前稍微动动脑子，做好规划，也不肯在“努力”无果后做好总结，吸取教训。他们很有西西弗斯的精神，不怕失败，但对成功也并没有太强烈的渴望，非要在南墙上撞个头破血流，证明自己真的非常努力。

努力当然是个好东西，但很多人在拿自己的实际行动侮辱这两个字。有些常见的价值观，反而容易教坏小孩子。在我们接受的传统教育中，教人卖苦力的太多，教人动脑子的太少。蒲松龄说：“苦心人天不负，卧薪尝胆，三千越甲可吞吴。”可如果只是靠勾践努力，那还有西施什么事儿？

这个世界上，有很多人都是懒人，只是有些人表现在行动上，有些人表现在思考上。第一种人是看得见的懒，第二种人却可能成了人们眼中所谓的勤奋者。

相比之下，我倒觉得第一种人成功的机会更大些，有时候一个人在行动上犯懒了，如果又不想饿死，起码会在做事前多动动脑子，为自己找出一条捷径。倒是第二种人，他们努力了一辈子，最后的标签也只有“努力”。

爱迪生够不够努力？试验了几千次才发明了灯泡。不过我敢说，他要是每次都用一种材料做不同的试验，就是再勤奋上一万倍、试验上一亿次也没用。后来他成功了，人们说他是天才。

你以为缪斯女神会随意光顾一个懒惰的人吗？一个人只有非常努力，并且善于在努力中思考总结，才能频频迸发出灵感。那些你眼中做事毫不费力的人生赢家，他们比你努力千倍万倍。

对于大部分人来说，你以为自己付出的是“努力”，实际上只是“体力”。为什么人们把“勤奋”的王冠送给了蜜蜂而不是屎壳郎？并不是后者付出的体力少，而是前者的劳动结晶是蜂蜜。

如果不能创造价值，你的“努力”就是“体力”。

踏踏实实地 向成功靠近

[1]

跟M女士一起吃饭。

M是个重量级人物。我以前听说过，没见过。她传闻挺多，多半都是负面，靠姿色上位啊，特别会装啊，父亲在背后扶持啊，等等。

所以我初见她，是怀着偏见的。

而两小时的饭局后，我对她刮目相看。

M其实没有传说中那么好看，个子不高，却穿了双平跟鞋，衣着有品位，但都是不张扬的素色，丝毫没有突出女性特质的意味。

这次饭局，大部分人都是第一次跟她见面，但开席敬酒，她逐个说出了在场每一位的名字，热情友善地对每个人都进行了恰到好处的赞美，一番话说得妥帖、到位，听起来特别舒服。

闲聊中谈到一些社会事件，她的见解也显然高人一筹，往往简单两句话就能说出事情的根本。

后来有个朋友说想邀请她参加一个活动。她大体问了情况，立刻决定要去，并修改了朋友的建议，说我应该去做什么什么，这对咱们双方都更有意义。她的果断利落、思路清晰，足见工作水平不低。

到饭局结束，她逐一跟我们道别，连服务员都没有忽略，而且她跟每个人说的话都不一样，显得真诚而用心。

“说话做事滴水不漏，她的成功绝非偶然。”朋友后来这么评价M。

[2]

对于他人的成功，人们常有个惯性思维：都是一样的人，凭什么他得到那么多、过得那么好？一定是他运气格外好，或者走了歪门邪道。

我以前也会这么想，但后来接触的成功人士越多，越发现并非如此。

在报社做记者时，我有段时间集中采访了十几位大企业家。

通常在聊完企业的辉煌后，我都会问一个很俗的常规问题：也有过艰难的时候吧？

无一例外，每个人都会毫不犹疑地回答：当然有。

——遭遇经济危机，之前签的合同都成了废纸，仓库里积压大量产品，资金链断裂，员工发不出工资，原料厂商堵门追款。

——副手带着主力员工离职，带走大部分客户，公司变成一个空壳，几乎倒闭。

——市场变化太快，重金研发的新项目一出来就被淘汰，公司前途渺茫，人心大乱，领导层每次开会都吵得不可开交，员工开始往家搬公司的设备……

当然，再艰难，都挺过来了。究其原因，大部分老总都会说，我们运气还不错——正好有一个别的机会，还好有几个朋友帮忙，大部分员工还是厚道……

正应了那句话：命是失败者的借口，运是成功者的谦辞。

但抛开这个谦辞，我看到了这些成功者的与众不同：危机时刻，他们能稳住阵脚，沉下心来寻找并发现新的出路；能果断抛弃曾经深度依赖的项目，坚定掉头，及时止损；能在全体员工大会上，用三小时的讲话稳定住员工的情绪和信心……

他们渡过难关，靠的哪里是什么运气起关键作用的，分明是他们审时度势的智慧、临危不乱的定力、断尾求生的魄力、安定人心的魅力。

这些，显然都不是偶然因素。

[3]

有位L总，我们在那次专访之后大概四五年，又遇到了。

一见面，他就叫出了我的名字，并说：你以前是短头发啊。

我着实吃了一惊。因为我是脸盲，前天见过的人，可能今天就认不出了，所以特别佩服那些对人脸过目不忘的人，也一直以为这是一种过人的天赋。

后来我问L总："您每天见那么多人，是怎么把每个人都记这么清楚的？"

他说："用心啊。"

我说："也是有天赋吧？"

他说："其实我也是脸盲。"

我当然不信。

他笑笑，递给我一张名片："你看，这是我昨天认识的一个专家。"

我接过来，只见名片上清清楚楚地写着那个人的大概身高、体重、相貌特征。

"这样就不大容易忘了。"L总说。

原来如此。

——其实谁都知道应该记住交往过的人，因为这是对人家的基本尊重。但我一贯想的是"我也想记住你啊，但没办法，我天生脸盲记不住，您就多体谅吧”。

“我有客观理由，所以就算做得不好，你也别怪我。”这是正常人的思维方式。

而优秀者的想法往往是“我是脸盲，但我知道这会让人不舒服，所以要想办法解决这个问题。”

他们会要求自己做得更好，而不是要求别人体谅自己的无能。

成功者未必有多好的天赋和运气，但他们对自己要求更高，也更用心地去待人待事。天长日久，就跟普通人拉开了差距。

[4]

而我们却常常对成功人士有很大的误解和偏见，你也一定常听到这样的话：

“他能有今天，还不是全仰仗他老爸。”

“他全靠请客送礼拉关系，才坐上今天的职位。”

“他特别走运，赶上了风口，公司一下就起来了。”

“她有什么本事啊，不就是傍上了某某人吗？”

“……”

很少有人会看到，那个传说中靠姿色上位的女人，说话做事滴水不漏，水平明显高人一筹。

那个被认为走了狗屎运的老总，眼光精准出手果断，有非同一般的眼界和智慧。

其实大部分人的成功，都是因为他们具备优秀的特质和积极的思维方式。

偶然因素可能导致人的失败，但成功，多半都不是偶然。

我们不能因为不了解，就臆想别人只是运气好，或是走了歪门邪道。

曲解别人的成功，固然会让人获得些许心理安慰——我没成功，不是因为我差我懒，而是我运气不行，我爸不行，我不会阿谀奉承，我有做人的底线……然后我们就可以放任自己不努力、不提升、不改变，心安理得地待在自己的舒适区。

只是，我们越给自己创造这种借口，就越远离了成功的可能，也就会活得越平庸失意。

真正的勇士，应该敢于直面惨淡的人生，敢于正视别人的成功。

我们若想取得别人那样的成就，首先就得看到并承认别人的优秀和努力，然后树立自我修炼的标杆，踏踏实实地，向成功靠近。

并没有未完成的事，只有不死的决心

“离开家乡去大城市，是为了更好地回来。”

[1]

春节回家的时候，有没有某一刻，想着：我干脆留在家乡，不回大城市算了？

甚至会质疑自己，在家乡，有熟悉的人，熟悉的方言，熟悉的一切，我待得这么舒服，这么安心，为什么还要去陌生的大城市，离乡背井，残酷竞争，自讨苦吃？

尤其是收拾行李的时候，会特别挣扎，为什么不干脆赖在家里一辈子，陪伴爸妈一辈子？

我这样待在家乡不是挺好的？

反正这种感觉，我有。

不仅仅是收拾行李的时候。

除夕晚上我就这么想过了。

在嘉陵江边，漫天烟火，我们一家在放孔明灯。

我默默许愿。

第一个愿望，就是希望家人平安健康。

这一次回家，真的觉得我妈老了。

半年不见，她白头发都多了很多。

我才回家几天，虽然她天天吐槽我胖、我烦、我把家里弄得很乱，但她还是一直倒计时，说我还有5天就要走了，4天就要走了……她舍不得。

其他家人也总是说，不知道你下次回来，是什么时候了？

这个时候他们的不舍是那么真实。

为什么不留在家乡，陪着父母就好？

而且小城市有小城市的好。

小城市有那种知足常乐的富足感和慢节奏，这是大城市没有的。

小城市有种熟悉感和安全感，大城市却太大了，很容易让人孤单和迷茫。

尤其是，对于一个吃货而言，还有什么比我们大四川的好吃的更勾人，更让我那么不想走的？

单单为了火锅，我就不想走了。

但是到了时间，还是会乖乖买票，去大城市，哪怕，哪里并没有真正地道的四川火锅。

我们为什么要离开家乡去大城市呢？

[2]

离开家乡去大城市，是为了更好地回来。

谁不希望，有一天可以衣锦还乡？

这个问题，我问了好些朋友和同事，大家的感受都是一样的：

现在没回去，当然是因为还没混好。

如果在大城市混失败了，就灰溜溜地回去了，太丢脸了。

说真的，丢自己的脸还好。

最不想丢的，是爸妈的脸。

我不知道别人怎么想的，很多时候，我希望能给我妈长脸。

我妈生我的时候难产，病危通知书下了三次，生我之前120斤，生完了瘦到70斤，留了一身的病痛。

这事不赖我，但我总觉得她挺不容易的。

她这么爱面子的人，偏偏摊上了我爸（反正我爸不玩微信不看公号，我就专注黑他30年吧），离了婚，无所依傍，如果我再不争气，那她真的就没有啥拿得出手的事了。

高二的时候，我爸妈离婚，我妈当时状态真的不好，特别特别抑郁。

那时候她过生日，我写了一张卡片，告诉她，没关系妈妈，没有爸爸，你还有我。我会尽一切努力，让你骄傲。

我想变得强大，让我妈老有所依。

在微博上看到一句话，一个网友告诉自己爸妈："我从来没有让你们骄傲过，你们却视我如珍宝。这句话让我蛮有感触的。"

再不争气的孩子，父母还是毫无保留地给予支持，给予爱。

所以我想争气，我想在大城市混好点，能给我妈一点炫耀的资本。

炫耀不好，我知道。

但这就是我能给我妈最好的报答了。

[3]

离开家乡去大城市，是为了不让爸妈担心。

离家远的好处是什么，是当我们遇到挫折的时候，伤心难过的时候，可以不让爸妈知道。

我们可以借助距离，假装过得很好。

网上看到一个女生说，她加班回家，很晚了，回家路上有一条小巷子，她发现自己被一个可疑的猥琐男跟踪了，特别特别害怕。她一路小跑，担惊受怕，好不容易跑到24小时便利店，上气不接下气，心跳还是特别快，真的吓傻了。

这时候妈妈打电话过来，她深呼吸，让自己平静一点，才敢接电话。

妈妈问她，过得好吗。

她说，很好。一切都好。

装没事，是我们对爸妈少数能做的事之一吧。

去年8月，我的公司倒闭了，当时真的走投无路。我说过，解散公司的那三天，我真的是从早上睁开眼睛，哭到晚上闭上眼睛，走路在哭，洗澡在哭……

我妈每次打电话来，我都说挺好的，蛮顺利的。

几个月后我妈才在公号上看到我写的那段经历，我妈说，她真的很难过。因为我工作上不顺利，她替我担心，替我焦虑。

然而她却帮不上忙。

那种看着子女难过却帮不上忙的无力感，才是最让父母难过的吧。

包括我爸，过年回家，别人问起我开公司的事，我跟讲笑话似的，讲了去年公司倒闭的事，包括倒闭当天全公司还去欢乐谷玩。我说得没心没肺，我爸说，看你讲得这么开心。可我知道，你当时一定过得很艰难吧。

我当时正在吃火锅，一口毛肚正要吞下去，噎住了。

原来我爸还是懂我的。

我就是这种痛的时候不会喊痛，自己受住了，走过了，还会把自己的痛苦当笑话来讲的傻子。

但我真的无比庆幸的是，自己过得不顺的时候，父母没在旁边，尤其是我妈，她会整夜整夜睡不着觉的，更会加重我的负罪感。

只有在大城市，才方便我们报喜不报忧。

[4]

离开家乡去大城市，赚更多钱，接父母来住。

其实不管是之前在深圳，还是现在在北京，我一直待在大城市，一个很重要的理由就是，能多赚点钱。

因为北、上、广虽然不相信眼泪，但是北、上、广相信奋斗。

大城市虽然很残酷，很现实，很功利，但是它很公平，它承认你的努力。

我没有好的背景，没有现成的资源和人脉，也只有努力而已。

我把自己最喜欢的事做好，慢慢就能赚到钱，慢慢就能改善爸妈的生活。

春节的时候，我妈妈说她一直想买件好的皮衣。

我说那还等啥，现在就去买啊。

我很土豪地一口气给她买了两件。

我终于体验了一次给我妈买衣服，可以不看价格标签的生活。

我妈心痛得要死，说："两件要5000块哪。"

我说："妈，没关系，我是土豪（我就是那种不管自己有钱没钱统统觉得自己很有钱的二货）。"

我妈脸都笑烂了。

站在那家皮衣店里，我妈当场穿上了那件皮衣，照着镜子特别开心。

她说："太幸福了，这就是我梦寐以求的皮衣啊。"

梦寐以求，我妈要不要这么夸张啊。

看我妈脸上那笑容，说实话，我觉得再怎么辛苦都是值得的。

其实谈钱、谈房子，真的很庸俗啊。

可是，幸福的事有时感觉就是很俗的小事。

[5]

离开家乡去大城市，是为了心中还有一点梦想。

是的，“梦想”这两个字似乎现在已经不值钱了。

我想在几年之内，能做一部好的影视作品。

这太难了。

但是在大城市，我可以认识很多有趣的人，很牛的人，有最好的环境最好的资源，让我意识到自己离上限有多远，让我心怀敬畏去拼搏。

不是每个人的梦想都一定要在大城市才能实现的。

但如果你的梦想在大城市实现的概率更高。

请不要放弃。

每次看到怀揣梦想去大城市，受点挫折就撤退了的人，我能够理解，但难免会有点遗憾。

《东邪西毒》里有句台词：“怎么了？想回家了？如果遇到这么点事就想回去的话那干吗当初要出来？”

比失败更惨烈的，是放弃啊。

这世上并没有未完成的事，只有不死的决心。

这几天也有粉丝问我：“春节爸妈一直劝我留在家乡，别回去了，他们给我找好工作了，上班只需要喝喝茶的闲散工作，我不想去，我有自己喜欢的事，只是实现梦想真的太难了，我该怎么办？”

我还是建议大家听从内心的喜好，除非你真的对大城市不喜欢、不适合。

就算遇到挫折，也不该轻易打脸吧？

就像知乎上有个很妙的答案：

你是如何走出人生的阴霾的？

答案是：多走几步。

这世上并没有未完成的事，只有不死的决心。

你想要的，岁月都会给你

[1]

一个女孩子为什么要努力？

因为生活从不因为你是女生就怜香惜玉。

[2]

一个女孩子为什么要努力？

因为职场没有性别，只有竞争，适者生存，不适者OUT。

我的第一份工作是市场助理，负责对竞争商家定期市场调研，然后汇总数据做成报告。

市场调研可不是个轻松的差事，简单总结就是三点：

手持一叠调研表，辗转奔走数条街；问题刚出就被拒，一张笑脸换白眼；各类数据未到手，人已提前累成狗。

那一年我刚毕业，面子薄又怕吃苦，市场调研做了两三次便心力交瘁。一想到这种又耗体力又不讨好的活，安排给我一个女孩来做，就在心里就默默地把公司骂了八百遍。

我开始偷懒，数据能编造就编造，报告能敷衍就敷衍。有一天人事经理找到我，开门见山地说建议我换一个工作，因为我的散漫懈怠，直接影响了整个部门的业绩。

那是一场漫长又残酷的谈话，我开始羞愧地红了脸，后来难过的红了眼。

后来的我，在徘徊过几次面试场提交过几份离职单后，终于明白：性别不是拈轻怕重的理由。

人事经理有一句话我一直印象深刻，她说：“职场不是育儿室，排排坐都有果子吃。”

是的，你若不努力，同事冷落你，老板责备你，客户嫌弃你，奖金远离你，升职绝缘体是你，公司裁员首选你。

你得过且过从春天走来，你大概过不完冬天就要离开。

[3]

一个女孩子为什么要努力?

因为想要进入优质的圈子，就一定要有与之匹配的优秀，不要当交际花，你要做实力派。

认识一个在公关公司做企划的姑娘，因为工作性质常常能接触到各行各业的成功人士。

由于工作需要留个号码加个微信本就正常，可姑娘却总是一副炫耀姿态，张口闭口就是认识了这个谁，结交了那个他。有些人明明只有几面之交，在她口中却变成了亲密好友，有时候海口夸得太大，我们都替她感到尴尬。

前几个月姑娘公司周年庆典，需要联系企业赞助，这个差事在同事看来简直为她量身定做，毕竟那么多社会精英都是她口中的人生挚友。

一开始姑娘倒也信心十足，但很快就感到了深深的挫败感，发信息没人回应，打电话全是拒绝。完不成任务的她心急火燎，最终还是部门总监出面解决了问题。

姑娘有些困惑：一样是邀请赞助商，为什么总监成了她就不行。她自认平日里的关系维护也没少做，怎么到了关键时刻却没人搭理?

其实要解答这个问题只需要八个字：段位不同，资格不够。

因为处于同等的段位，才能平等的对话。

小角色和大咖从来都不是一国的，大多时候你以为的熟悉，不过是你一厢情愿罢了。

优质的圈子硬挤是挤不进去的，等到你足够强大的时候，你自然有资本昂首挺胸的跨进去。

在那一天来临之前，你需要做的就是不断地提升和充实自己，努力，努力，再努力。

[4]

一个女孩子为什么要努力?

没有经济基础支撑的孝心是无力的，你要做暖心小棉袄，你必须独立能养老。

从小我被爸妈惯着宠着长大，在工作前几乎没吃过苦。

日子过得太舒服人就容易乐观过头，大学毕业那天，我信誓旦旦向爸妈承诺：以前你们养我，以后我养你们。

正所谓豪言壮语说太早，日后打脸啪啪啪。我的第一份工资除去房租水电，余额连生活基本开支都不够，养自己已是无比艰难，养爸妈简单天方夜谭。

那时我工作换来换去没个稳定，日子过得真是一个大写的凄凉：有班上入不敷出，没班上彻底穷哭。

终于在一个为信用卡账单愁得失眠的晚上，我拨通了家里的电话，正式从“月光族”过渡成“啃老族”。

回想我长达一年多的啃老生涯，真的是太不光彩。衣锦还乡那是别人家的孩子，我连过年回家的机票都是爸妈出钱买的。

我也是在那段时间，彻底想明白了一个道理：经济不独立的人是很难有资格谈“孝顺”两个字的。

有人说孝敬父母，最好的爱就是陪伴。

这句话我只同意一半，我觉得除了陪伴，也要报答。

往更俗气的方面说，精力和金钱，缺一不可。

[5]

一个女孩子为什么要努力?

因为婚姻是扶持不是扶贫，纯粹的感情才能走得长久。

读大学的时候认识一个同系的学姐，肤白腰细大长腿，每个角度都很美。

我跟她吃过三次饭，看她身边的男伴也换了三个，虽然不同的面孔，对她都相同的殷勤。

宿舍楼下常常看到追求者们在花式告白，捧玫瑰、摆蜡烛、唱情歌、弹吉它应有尽有。

最后学姐选了送的钻戒最大的那个人，结婚证领的比毕业证还早。

没有对比就没有伤害，我窝在出租屋看着求职网站不知何去何从的时候，学姐的生活日常就是这里逛逛街，买买东西，晒晒美食，秀秀恩爱。

那时我真的好羡慕她，没投出一份简历，就有了“长期饭票。”

可是嫁了有钱的老公，真的一辈子就不用奋斗了吗？

当年不是，一辈子那么长变故那么多，建立在物质依附上的感情恰恰是最没有物质保障的。

今年年初的时候学姐离婚了，由于老公炒股失败亏损严重，窘迫的生活让她落差太大。

只是恢复单身的她日子并不好过，想找份好工作因为没经验频频被拒，想再嫁有钱人想想就行，想太多就是想得美。

学姐有一段时间总感慨遇人不淑，指望坐享其成最后反倒没了指望，我倒是觉得一段寄生的婚姻一开始就没有胜算，能一起笑对暖阳暴雪的爱情才能走得更远。

很喜欢《离婚律师》里关于女孩为何要努力的一段台词：

我努力的工作，为的就是有一天当站在我爱的人身边，不管他富甲一方，还是一无所有，我都可以张开手坦然拥抱他。他富有我不用觉得自己高攀，他贫穷我们也不至于落魄。

都说女孩要嫁对人，这个对一定是性格合拍努力同步，而不是等人打赏不劳而获。

［6］

一个女孩子为什么要努力？

为一份长久的事业，为一对操劳的父母，为一场纯粹的感情，也为一个更好的自己。

虽然未来总是未知，但只要你肯努力，你想要的，岁月都会给你。

别求公平，只求奋力拼搏

[1]

我、男朋友刘先生、我亲弟弟蛋蛋，我们三个人都来自小县城，如今都在上海工作。我毕业于一所二本院校，刘先生毕业于复旦大学，蛋蛋高中毕业，没有去读大学。

我毕业4年半，在一家小咨询公司做总经理助理，月薪不到1万。刘先生毕业2年多，在华为做工程师，研究手机芯片，26岁，年薪25万左右，持续增长中。蛋蛋工作5年，在一家公司做市场总监，月薪基本工资1万加提成，目前一家公司开出基本工资2万加提成正在挖他，而他来上海只有3个月。

我时常反思，是什么造成了我们如今的差距？先从我的好朋友阿亮研究生毕业找工作说起。

在上海，应届毕业生找工作，大公司和外企，只看学校背景，就是要出身名门，复旦，交大，同济，要不就是上外，华东政法这样的专业学校。阿亮出身不是名校，为了进大企业，花了很多心思，先去找实习，弥补自己学历上的劣势。

他的第二份实习，直接领导是复旦毕业的，也想招一个复旦的实习生，而他恰好逛复旦BBS，看到招聘，马上投了简历。鉴于他第一份实习的经验，老板给了面试机会。

他压力非常大，从第一份实习，每一步都是规划好的，因为他要进入心仪的公司，需要一个台阶一个台阶跳上去，一步出错，就失去了机会。他整个找工作的过程，非常费劲，也很辛苦。

[2]

我有时候就觉得不公平，因为出身的限制，让自己失去很多机会。刘先生他们因为顶着名牌大学的光环，没有毕业，offer就拿到手软，自己还要挑挑拣拣。

还有办签证，刘先生这种拿到上海户口的，3天就办出来了，而我需要9天，还不一定办出来。办签证的小姑娘告诉我，没办法，山东只有青岛和济南可以快一些，因此我郁闷了几天。

“妹妹，你说什么傻话呢，你这么聪明的人，竟然还提公平问题。你想过没有，我们从小一直努力才考上名牌大学呀。”刘先生笑着对我说，我想也是。

“那我现在继续考研，拿一个名牌大学的学历，进外企。”我嘟着嘴。

刘先生突然大笑，“妹妹，你怎么又糊涂了？你到时候30岁了，去外企和那些二十几岁的人竞争，有什么优势可言。你现在的优势，就是工作经验，30岁，谁还看你学历呀。名牌大学的学历只是一个敲门砖，发展好坏还是看个人能力。”

他给我举了他一个高中同学的例子，大学本科毕业的时候，想进某企业，人家连面试的机会都不给。毕业五年之后，那个企业的人直接挖他过去做经理了。就是因为这五年，他一直在学习，不停地进步。

“你现在的工作，钱上就不计较了，最重要的尽快学东西，积累行业经验，其他都是次要的。”刘先生提醒我。

[3]

与刘先生相比，学历背景的确限制了我的发展。可面对蛋蛋，我就没有了底气。当年我爸爸生意出问题，只有一个人能去读大学，蛋蛋收起了大学通知书，去打工了。

蛋蛋，进入了一家大公司做基层销售，月薪800起。他一年跑坏了6双皮鞋，别人跑客户，一次收集很多名片，然后每天给领导汇报几家，而其余时间自己在宾馆睡觉。而蛋蛋不一样，每一个客户都聊至少2个小时，只要不赶他走，他就不走。

蛋蛋就这样跑了5年，最高职位，做到他们行业前三公司的大区总监，带着30多人的团队。他变得越来越自信，“对我来讲，没有卖不出去的东西。”他的确有资本这样说，因为他在之前的公司做过一年的大客户开发，很多市场全部是空白，他一个人拉着行李箱，全部开发出来，交给别人维护。他直接向公司高层汇报，很受重视。

这两年，他开始沉淀下来了，很喜欢读书，两个星期看一本，偶尔也写东西，现在写了有20多篇了。每次写完，都让我帮他修改，有很多错别字，标点符号用的也不正确。可他不放弃，一遍遍修改，近来改他文章，语法问题越来越少了。

[4]

他原来在传统行业，因为房地产不景气，也影响到他们。他决定转行了，来到了上海，应聘一家公司做了销售。三个月过去了，他当了市场总监，没有人相信他是90后，因为他部门的其他员工都比他大。

我已经十多年，没有和他在一起生活了。我发现我已经不了解他了，10月22号，他去郑州参加展会。去的前一天，他让我帮他推演整个展会的布置，看看是否还有问题。为此，不惜用分1000块钱的工资诱惑我。

这个展会，他老板交给他负责。结果，我看他写的任务安排，我就笑了。他研究了参会的大佬，用笔标记出对他们公司有用的，然后给他们老板布置任务，让她去对接，一定要拿下。

在他们展台前，他和另一个小女孩留下，负责给客户介绍他们的产品。其余的人，他分派在每一个会场，去收集名片。对了，他还建了两个群，给她们任务，这三天，一定要把两个群（200人）加满。

他们的产品12月上市，这次展会他对接了50多个渠道，现场，连样品都卖出去了。他那张纸，反反复复和我讨论了几遍，因为我做咨询出身，最擅长的就是挑刺，提问题。

我终于明白，他一个高中毕业没读过大学的人，为什么当上了市场总监？而部门其他人都是本科及以上学历。他老板毕业于华东师范大学，“985”院校，非常厉害，曾经创立过一个有名的品牌，卖掉了，旗下也有很多产业，目前的项目，据说要当成一辈子的事业来做。

[5]

我毕业马上5年了，中间也经历了换行业。渐渐地明白，唯有靠自己努力，付出才可以，抱怨社会的不公平，一点都不会解决问题。

我身边有很多这样的人，旁人都会感叹上天对他不公平，而他们从未抱怨命运。我大学有一个同学，11岁出车祸，只有一条胳膊一条腿，而他用左手写字，字非常漂亮有力量，他研究生考上了心理学专业很好的学校，北京师范大学，现在国外读博。

大学四年，我们从未给他特别对待。毕业时，他和我们一起爬上了泰山，一步一个台阶走上去的。

其实，这个世界游戏规则也很简单，只要你强大，学历，身高等都不是问题。就像蛋蛋，高中学历，同样有很多机会找到他。越强大，机会越多。要想不care这个世界是否公平，我们需要付出多倍的努力。

我一直认为一个人成熟的标志就是坦然接受生命赐予我们的一切，并且努力做好自己。我时常提醒自己，对他人，要公平。否则会触怒他人与生俱来的本能。对自己，千万要提醒，世上没有啥公平。

长相、身高、家世、运气，从不公平。动辄要求公平，是失败者的标配。每要一次公平，就意味着对这个世界已无计可施。

一念及此，就已认输。

谁都扳不倒
一个真正的强者

[1]

那年我25岁，毕业两年，在一家银行网点做柜员。

工作烦琐压力又大，每天穿着制服在白炽灯下从早坐到晚，各种郁郁不得志，觉得日复一日的工作也没什么意思。

但有个对公窗口的女客户，让人印象深刻。

她家里有个造纸厂，规模不小，产品远销海内外。银行业务从不经他人手，都是自己办理。我们有时劝她，简单的业务可以网上操作，可是她总说多少年习惯了，必须呲啦啦打在纸上、盖了银行的章，她才信得过。大家都不怎么喜欢她，她也绝不是那种讨喜的人。

60来岁的年纪，从外在形象上已经完全放弃了自己：半长的灰白头发，总是用一根橡皮筋随意绑在脑后，耳边、额前不时甩出几绺，嘴角的法令纹异常深重，两条八字直延到颌角。坐下来办理业务时，一条腿总是盘到另一条腿上，一年四季都露出半截灰不灰、红不红的秋裤。

她话不多，看得出一心都扑在生意上。有几次办业务还和柜员吵过架。最讨厌她的是保洁大姐，因为据说她每次来时都会吐痰，而且从不用纸包好后丢进垃圾桶，而是直接吐到墙角——没错，一个成功的女商人就是这样不拘小节，把痰直接吐在了墙角。

有时我们几个小年轻会在背后揶揄她，说些“有钱又怎样，邋遢成这个样子，不像个女人”之类的风凉话。

[2]

那年秋天，她突然要调取公司6年前的银行流水。

要知道，那时候的流水都是打印在纸质凭证上放在档案库的，不像现在，键盘一敲，所有的信息自动搜索、匹配。主管面露难色，和她解释这是巨大的工作量，需要几个人在库房里至少一周才能完成。

那是她第一次面带笑容跟我们讲话，不是那种绽开满脸的笑，也不是客气请求的笑，而是一种轻轻淡淡的，从脑门开始向下展开的笑，像扔一颗石子进水塘，一圈一圈像外围扩散。

她很平静地说：“我老公在外面有别的女人了，30多岁，抱着孩子找上门来了，离婚分财产，我得拿银行流水打官司”。说完，她习惯性地转身朝墙角吐了口痰。

我们网点从主管到柜员都是一水的女员工，闻听这个原因，大家也没有什么可抱怨的，立即忙活起来。整整一个星期，终于把凭证找全，足足有柜台那么高。

那一周里，她每天都来，还会带一个会计小姑娘。她一本一本查账，一边给小姑娘讲每笔流水的来龙去脉，一边指挥小姑娘做记录。

忙的时候，我常看她，不禁惊讶于工作状态中的她判若两人：她戴着眼镜，十分专注，记得每一笔账目背后的故事。

“这笔5万的是甲供货商供次品那次，合作了7年，再也不进他们的货了。”

“这笔12万的是乙客户，是和我们做的第一笔生意，当年为了跟他们做成生意，我每天去找他们老板，三个月才拿下。”

……

小姑娘不住点头，眼里全是对前辈的敬仰。她面对员工时也特别有耐心，不急不躁，分享着公司经营的点点滴滴。小姑娘有几次犯了错，她一眼挑出，心思实在缜密。

[3]

这场离婚战争并没有旷日持久，大约一个月后，她就带着新的营业执照来变更法人了，之前老公的名字换成了她的名字。

她可能觉得那段时间我们帮她找资料很烦琐，有些过意不去，给我们带了一大盒进口樱桃。那樱桃真好吃，个头有草莓那么大，紫红色泛着亮光，汁水甘甜。

一个同事说：“这一盒樱桃的钱够买一支大牌口红了。”我突然很不合时宜地想：她要是涂点口红，人看起来会精神很多。然而马上打断自己，不禁笑自己，又在用一个25岁的银行小白领的世界观去评价别人。

在我那狭小的世界里，不懂打扮，不会撒娇，不习惯打喷嚏时优雅地用纸巾捂住嘴的女人都是不上档次、缺乏修养的。25岁的我多么肤浅，背着攒了一年钱才买得起的包包，却背不起一点点委屈；脸上擦了珠光粉，却藏不住心底的不得志；行立坐卧必注意仪态，却在遇到困难时窝在家里哭，不敢挺身面对。

相较于这位大姐，我实在汗颜。

[4]

很奇怪，在对她的各种态度和看法里，我发现，竟然没有“怜悯”。

被抛弃的老女人，这样的定语，不是最该被怜悯的人群吗？

不，不是这样。

她沉着坚毅，一子一女还在国外读书，家庭变故不能影响了他们的生活，更不能因此影响了对他们的供养。多年商场打拼，她见惯了大风大浪，早已炼就金刚身。

她一定很痛苦。共同生活了几十年的枕边人，突然背叛，拳拳到肉，痛苦里还杂陈着屈辱、仇恨，等等。

可是，她不会像有些小姑娘一样，只会整日以泪洗面，说什么“男人没一个好东西”之类的废话；她也不会像祥林嫂一样逢人诉苦，陷在永久的悲情中。

她像一座石碾子，那些坚硬的谷物是生活中的养分也是苦难，她就那样一圈圈重重地、缓缓地碾过它们，把它们碾成细碎的、充满粮食芬芳的——人生。

故事到此结束。

她离婚后并没有变美，一点儿也没有，还是一如既往的不修边幅。至少一直到我两年后辞职，她都没有变美的迹象。离开银行后，我没有再见过她，不知道后事如何。

可是，我自此奉她为精神icon。

女人的励志故事，不是惨遭抛弃后重拾事业、化妆美容、减肥健身……而是仿佛这个男人带给她的伤害，像一阵微风吹过浩瀚的大海，没有惊涛骇浪，只有水面略略几道波纹。

想翻腾她的人生，你还不够资格。

改善自己，你才能感觉良好

[1]

有一天，我偶然放了一张二十岁时的照片到朋友圈，得到了一百五十个赞，突然想起一个问题，那就是我在最年轻最漂亮的年月里，没有一天觉得自己是漂亮的，这真是毕生最遗憾的事。

我一直到三十五岁以后才学会接受自己，真亏呀，可是比我更亏的是那些一辈子都没有接受自己的人。比如小丰，我们的共同特点是永远都不满意自己现在的样子。作为一名曾经的胖子，当然现在也不瘦的人，我很想问那些在世界面前，瑟瑟发抖的小丰们一个最简单的问题，你究竟有多胖（矮、小、丑……以下类推），以至胖到令你如此万念俱灰、寻死觅活？以至胖到你把目前所有的一切不幸都归结于你的这些缺陷？

因为胖，你找不到好的工作，找不到好的男人，找不到好的待遇，找不到好的运气……你有没有想过，其实一切不幸不是因为你胖，是因为你认为自己胖，而造就的那个真的很挫、很丧门星的自己呢？那样黑口黑面的人有谁会喜欢呢？有谁会愿意跟你交朋友呢？

小丰她最爱说的话是每次出门都会看到别人“鄙薄的眼神”，其实我很想问她，你哪只眼睛看到了“鄙薄”，那“鄙薄”是你自己的“鄙薄”吧！这种鄙薄上升到极致就成为一种心理疾病，所谓的“体象障碍症”就是无限制、放大自己的生理小缺陷，并上升为对自己生活的全盘否定。最深层的心理原因，也许是借着这个理由，你就可以回避掉人生其他的问题吧，你这个胆小鬼……

[2]

“这世上确实没有减不下来的肥，只有不愿意改变的人生。如果你真的认为你太胖，为什么你不认真减肥呢？”这是很多强大人格的人问话的方式，我不敢这么问，因为作为一个长年奋斗在减肥第一线的人，我知道真正的减肥有多难。

真的，它是通向自信一条最短暂、最直接也最简单的路径。

我的朋友小菲，原来是个看上去有点敦实的大嫂。后来她每天坚持跑十公里，她把自己跑成了一个比原来小一号的美女，而且她还变得更快乐更开心，这是我亲眼看到的现实。基本就是这样吧，如果你开始控制你的体重，也就意味着你可以开始控制你的人生。作为一个健康的人类，有什么比那种把自己握在手中的感觉更让人自信的呢？

对自己的肉体，保持强大意志力是一件很牛的事情，说明你的意志凌驾于肉体之上，而不是肉体凌驾于意志之上，这是你身为高等动物最高等的地方——陈丹青老师告诉我们在最高意义上，一个人的相貌，便是他的人。我的理解，这相貌不但包括了脸，也包括了身材。脸，我们无法自主（当然现在也可适度的自主，毕竟现代医学如此高明），但人到了四十岁以后，一个美人的脸和一个丑人的脸能有什么质的区别呢，可一个肥胖臃肿的身体和一个健康苗条的身体那是绝对有量级的区别，毫不客气地说，那几乎就是十岁的差别。

三十岁以后，我们不但要为自己的样子负责，也要为自己的身材负责，因为人和人的差异首先就呈现在身体上，身体反映了你的生活质量，你的理念和你的价值观，你的身体永远先于内在与教养到达别人的面前。如果你要了解一个人，你只需看看她的身材，看看她的面容，看看她的眼神，看看她的胳膊，看看她的手指——恕我直言，很多很年轻就号称减不下来的年轻人（排除疾病因素）大部分都有难以介怀的心理阴影。有一种说法是，肥肉是你不愿意面对的自我，肥肉越多，说明你不愿意面对的自我越多，这真令人伤感。

我活了四十年，也和肥胖面对了四十年，一直到最近几年，我才找到和它相处甚欢，但又决意两别的办法。首先，我接受自己是个胖人，我接受自己的易胖体质，就像我接受自己不美，接受自己可能没法拥有完美人生这个事实。是的，我接受，这没什么，不完美是正常的，谁是完美的呢?

奇怪的是，当你真正接受了自己，你会变得更有力量。这个时候，你再试着去找一条适合你的路，或许你爱快走，或许你爱有氧健身操，或者你爱健身器械，或者你觉得节食更有用，又或者你更爱村上春树式的长跑……你去做，去做一切能保持你身体平衡、让你更快乐的事情，这其中就包括减肥。

嗯，姑娘们，真心说一句，接受自己感觉很好，但有能力改善自己，会让你感觉更好。

加油!